THE ART OF FEELING BETTER:
HOW I HEAL MY MENTAL HEALTH (AND YOU CAN TOO)

我是这样战胜抑郁的，你也可以

[英] 玛蒂尔达·海因多（Matilda Heindow）著 符仲芳 译

中国青年出版社

图书在版编目（CIP）数据

我是这样战胜抑郁的，你也可以 /（英）玛蒂尔达·海因多著；符仲芳译.
—北京：中国青年出版社，2023.8
书名原文: THE ART OF FEELING BETTER: HOW I HEAL MY MENTAL HEALTH (AND YOU CAN TOO)
ISBN 978-7-5153-6975-4

Ⅰ.①我… Ⅱ.①玛… ②符… Ⅲ.①抑郁 – 心理调节 – 通俗读物
Ⅳ.①B842.6-49

中国国家版本馆 CIP 数据核字（2023）第095426号

我是这样战胜抑郁的，你也可以

作　　者：［英］玛蒂尔达·海因多
译　　者：符仲芳
策划编辑：刘晟男
责任编辑：于明丽
美术编辑：佟雪莹
出　　版：中国青年出版社
发　　行：北京中青文文化传媒有限公司
电　　话：010-65511272 / 65516873
公司网址：www.cyb.com.cn
购书网址：zqwts.tmall.com
印　　刷：北京博海升彩色印刷有限公司
版　　次：2023年8月第1版
印　　次：2023年8月第1次印刷
开　　本：880mm × 1230mm　1 / 32
字　　数：138千字
印　　张：6.25
京权图字：01-2023-0778
书　　号：ISBN 978-7-5153-6975-4
定　　价：59.90元

专家赞誉

双相障碍是一种常见的精神障碍，属于情绪障碍（心境障碍）的范畴。双相障碍的患者有可能长时间处于抑郁状态。药物治疗是双相障碍的基础性治疗，但是仅仅依靠药物是不够的。患者借助一些心理学方法进行疾病的自我管理可以提高治疗效果。根据我的临床经验，治疗上主动的参与者比被动的接受者更容易达到满意的疗效。可是如何才能做好自我管理呢？有哪些有益的方法？这本书的作者通过自己在困境中逆风成长的故事，分享了双相障碍自我调适、自我管理的有益方法。如作者所说，积攒微小的期待与快乐，你不需要通关也可以享受生活，相信读者都会从中汲取到对自己有用的东西。

——王　刚

首都医科大学附属北京安定医院党委副书记、院长，中国心理卫生协会理事长，
国家精神疾病医学中心主任，国际双相障碍协会(ISBD)全球理事/中国分会主席

作者以“交流”的方式行文，配以充满设计感的鲜活图文，无处不体现着与读者的“对话”，无时不传递着对读者的“邀请”和“鼓励”，这好似与读者共赴的探险之旅，有荆棘之地，有沼泽之潭，更有潺潺溪水和花草丛林，最终到达新的人生风景地。期待有更多的国内读者们与此书相遇，无论我们是否受心理疾患的困扰，都会从此书中有所收获。

——王建平

北京师范大学心理学部临床与咨询心理学院副院长，
中国心理卫生协会认知行为治疗（CBT）专业委员会副主任委员

这是一本能够切实帮助到人、符合心理学规律、生动易读的书。

——刘兴华

北京大学心理与认知科学学院副院长，行为与心理健康北京市重点实验室主任，
临床与健康心理学系主任，情绪困扰正念干预（MIED）创始人

本书是一段人生真实旅程的记录，也是一位患者为帮助患友进行的真诚分享。作者提供的关于心理疾病自我疗愈的方法，不是立竿见影的灵丹，而是聚沙成塔的坚持和跬步千里的勇气。作者提供的通过正面强化进入正向循环的理念，有人会认为只是常理和常识。但在黑暗的心理深渊中，战胜当时的自我，秉持对常理的体认，挣扎着向常识回归，不正是我们应该致敬的人性的光辉吗？希望患者和家人从本书中找到信心、勇气和通向康复之路的方法。

——胡海岚

浙江大学脑科学与脑医学学院院长，“世界杰出女科学家奖”获得者

在人类的发展过程中，情绪健康一直是至关重要的。这本书的作者，从孩童时期就开始了与抑郁情绪的“抗争”，在十多年的康复过程中，这场煎熬的“抗争”逐渐变成了更加自如的“同行”。作者在本书里提供了实用的技巧和策略，以及富有创意的心理插画，来帮助其他遭受同样苦楚的青少年自我疗愈，摆脱负面情绪的困扰。作为一名发展心理学工作者，我想向所有的青少年推荐这本书，学习如何拥抱自己的情感，找到让自己宁静的灯塔。

——苏彦捷

北京大学元培学院副院长，
教育部心理学教学指导委员会秘书长，中国心理学会常务理事

人生之路，难免起伏，甚至陷入深渊。在黑暗环绕、孤立无援、心生恐惧之时，我们需要的不是如上帝俯视凡人般的同情：忍一忍，一切都会过去；快乐起来，忘掉忧伤。我们需要的是一位同样深陷苦难的战友——她告诉我，世界上有几千万甚至更多的人与我有着相同的感受，而且更有无数种方式可以治愈我。这位战友，就是这本书——曾经饱受抑郁与躁狂困扰的人写给过去的她，也写给正在努力治愈自己的我。她告诉我，我的努力，

我的希望，都有被看见、被理解；而我的困惑，我的痛苦，都有答案，都有抚慰。

——刘 嘉

清华大学社科学院心理学系主任，中国心理学会常务理事，
北京智源人工智能研究院首席科学家

作者虽然不是精神病学或心理治疗领域的知名专家，而是双相情感障碍患者，但是，她却用通俗的语言、简易明了的图画分享了自己在康复经历中验证的非常有效的疗愈方法：接纳痛苦、自我关怀、正念、积极的关系、行为激活、压力管理、认知灵活性、基于价值导向的生活等等，以己为证，为双相情感障碍患者带来希望的光芒和康复的信心。相信此书对于双相情感障碍的患者帮助很大，会帮助他们树立信心，看到疾病的真相，不再只靠药物治疗，也不会对一生服药而绝望。祝此书早日面世，为患者传递信心！

——祝卓宏

中国科学院心理研究所教授，国家卫健委精神卫生与心理健康专家委员会委员，
国际语境行为科学协会（ACBS）中国分会主席

在当今快节奏的世界中，我们很容易被各种不确定性所困扰，失去对我们来讲更重要的东西——自己的身心健康。这正是这本书的价值所在，作者借鉴发生在自己身上真实的心理过程，为我们描绘了一幅心灵地图，指导我们如何在逆境中培养更强的情绪韧性和积极心态。作为一名临床与咨询心理学工作者，感谢译者——我的朋友、北大青年才俊符仲芳研究员，用她精辟的翻译将这幅地图在我们面前徐徐展开，向国内读者展示了如何转变我们的思维模式和习惯，从而在生活中更加快乐、更加自在和充盈。无论你正在处理个人挫折还是只是希望过上更快乐的生活，这本书都是你的智慧之选。

——杨发辉

国际认知行为治疗学院认证认知行为治疗师、培训师，
中国心理卫生协会首批认证督导师，西南大学心理学部培训中心主任

在抑郁和双相情感障碍的治疗中，除了专业人士的努力，病人自身的信心和参与也必不可少。这本书提供了这样宝贵的资源。作为双相情感障碍的亲历者，作者分享了自身的康复之路，给这段路上的每一处困难和希望标记了明确的路标，这既是个人的经验，也是普适的观察。它为所有想要改善的人传递了一个鼓舞的声音：沿着这条路走下去，我们会越来越好。

——李松蔚

北京大学临床心理学博士，资深心理咨询师

随着科技的发展，越来越多的病痛得以治愈。但人们对神经系统相关疾病的探索仍旧徘徊于认知诊断与有限的控制阶段。心理疾病如同社会发展的暗影，它是深陷其中的孩子难以醒来的梦魇；它是深受其害的家庭难以言传的幽暗；它是年复一年的杂糅着爱与绝望的强大压力，影响着青少年的成长甚至一生。心理疾病不是0与1的差别，而是人们每天都在承受的压力和心理创伤。希望更多家长和大孩子读到这本书，并通过此书真正了解心理疾病、掌握保持心理健康的方法，照顾好自己和家人的心理健康。

——段　睿

蔡磊破冰驿站创始人，中国商业会计学会理事，
入选百名首都“两师人”，北京某会计师事务所主管合伙人

玛蒂尔达找到了最完美的方式，去描述那些没人愿意谈论的人类痛苦的时刻。

——朱莉·史密斯博士（Dr. Julie Smith）

国际畅销书《为什么没有人告诉过我这个？》（*Why Has Nobody Told Me This Before*）作者

目录

译者序

康复是一次越走越轻松的散步

这本书的译稿完成的时候，北京的春天和沙尘暴如约来临，但这不影响被心理疾病困扰着的患者们冒着风沙将医院的楼道挤满。我的精神科医生朋友们面对饱和的工作量，对于怎么样才能让这些在生命边缘摇摇晃晃的群体重新回到“正轨”，每个人都在发愁。尤其是当越来越多的稚嫩的脸庞出现在这里，他们的人生才刚刚开始，却要开始接受生命沉重的拷问。

与此同时，对心理咨询的需求也在不断上涨，来访者在会谈中不断地发问“我该如何自处”。然而面对如此大的群体，社会能够提供的专业资源远远不够，加之昂贵的咨询费用，多少人止步于咨询室门口。

在这场与身心疾病的斗争中，精神科医生和心理咨询师远远不是故事的全部，故事的主角从来都是这些疾病的亲历者。一直以来，他们的声音似乎都是沉默的、被回避着的，即使在亲近的人面前，也只是张张口，最后什么都没有说。

但本书的作者玛蒂尔达·海因多用她的画表达了出来，告诉每一个翻过这本小册子的人，一个从青春期就开始与躁郁（双相障碍）相伴的患者的故事。如同很多从年少时就开始和心理疾病作斗争的人一样，玛蒂尔达几乎尝试了所有能够触及的治疗方案，“久病成良医”。在这本书里，作者分享了那些从生命的挣扎中领悟的时刻，比如“我的长相不是我身上最重要的部分”，比如“重新把自己当作朋友”的那一刻。

玛蒂尔达用她目前人生中的大量时间去理解自己身上发生的事情，以及如何应对出现的状况。在这本书里，除了那些值得为她欢呼雀跃的时刻，还有着大量玛蒂尔达亲身实践过的，也是我们在心理咨询过程中鼓励来访者去使用的策略和技巧，包括正念、自我怜悯和压力管理。然而，与疾病的相处从来不是只需要这些技巧，疾病带给我们的是对我们和社会、我们和他人、我们和自己之间关系更深刻的思索。玛蒂尔达在书里反思了重视生产力的社会中自我价值的建立，“当我们躺在床上时，也应该像在工作时一样被尊重”，去驳斥社会对我们“你做的够吗？你有别人做得好吗？”的不断发问，如此重新以不同的姿态进入

这个社会。在这个过程中，玛蒂尔达学会了爱自己，爱伴侣，爱家人，这些爱的关系的建立，从来没有因为她的心理疾病而被阻碍。

这一切，当然不容易。

玛蒂尔达的康复之旅充满了起起伏伏，生活并不会因为疾病而停滞不前，玛蒂尔达在与双相障碍共处的若干年间，经历了亲人的离世、职业的变换，同样也收获了灵魂的伴侣。双相障碍已经融合成为她生命中的一部分，如同幼年磕碰留下的旧伤，在每个阴雨天会隐隐作痛，但玛蒂尔达已经熟知这样的规律，也慢慢学会温柔地让自己在疼痛的时刻得到最好的自我照料。正如她所说，**“康复从来不是一场冲向终点线的赛跑，而是一次越走越轻松的散步”**。我也想将这句话送给所有看到这

本书的朋友，心理疾病的康复从来不是冲刺，而是需要给遭受困扰的人们足够的空间、时间和支持，让他们学会与疾病相处，从负重前行变成一场越来越自如的人生旅行。

感谢在翻译过程中为我提供建议和校对支持的邓钰滢和冯新照，那些字斟句酌的日夜，同样是我们一遍遍的自我疗愈。感谢编辑刘晟男，她的持续支持和付出使本书能够如此温暖地呈现。

希望这本小册子能够变成每个人的案头书，在那些午夜的至暗时刻，能散发出萤火虫的光，让内心不再恐慌。

符仲芳

北京大学临床与健康心理系研究员，博士生导师，
主导、参与了多个数字化心理干预随机对照研究，
包括针对抑郁症的行为激活网络干预等，
同时致力于临床心理学常用研究方法的科普和推广

推荐序

共赴越来越好的旅程

收到仲芳的邀请，为这本译著写推荐序时，正值我在为今年的国际认知行为治疗大会做主旨报告准备。我很高兴看到这么丰富生动的自助心理干预的图书能够被国内的出版社发现，更加高兴的是，我的学生——北京大学的年轻学者符仲芳青睐此书，并投身翻译，让国内的读者有机会走进作者呈现的充满挑战又满怀希望，并获得改变的精神世界。

认知行为治疗（cognitive behavioral therapy，CBT）被国内临床心理工作者逐渐接受，并越来越多地应用于临床实践中，是近10年来中国临床心理学领域的重要发展。我在北京师范大学从事教学、科研和临床实践工作中也一直聚焦于CBT，同时培养我的学生和社会各领域的心理学工作者们成为有胜任力的CBT治疗师或咨询师。然而，相比于目前国内大量的求助需求，能够提供的专业心理干预资源是严重不足的。为了应对这个难题，我带着学生们进行了多年的心理自助干预的研究，CBT在循证性、结构化、可操作性等方面的优势，以及在聚焦问题、目标导向和技术训练等方面的特点，使其成为最适合转化为自助形式的心理干预方法。

这本书的内容充分体现了CBT大伞下的自助化应用，作者以自身罹患双相障碍的真实经历为载体，充分梳理和呈现了康复过程中的自我帮助。从“问题”的评估和理解，到“灌注希望”的自我鼓励，再进入“工具包”的大收获，接着体会到改变带来的信心，最终为自己的人生写下新的口号。如仲芳在译者序中所述，这是一次“越走越轻松的散步”。在这自助的旅程中，作者用“治愈疾病”的强大战胜了“疾病”，而这强大背后离不开作者对疾病的重新审视和相处，更离不开作者为自己定制的心理健康工具包，当然这一切伴随着时刻坚定的“我会好起来！”。作者以“交流”的方式行文，配以充满设计感的鲜活图文，无处不体现着与读者的“对话”，无时不传递着对读者的“邀请”和“鼓励”，这好似与读者共赴的探险之旅，有荆棘之地，有沼泽之潭，更有潺潺溪水和花草丛林，最终到达新的人生风景地。

翻阅完此书，便也理解了仲芳翻译的初衷，亦与她有了同等青睐之心。相较于译者所付出的辛劳，作为第一批读者，我甚感欣慰与喜悦。仲芳以她深刻的同理心与此书作者共鸣，以她多年来在临床心理学领域的研究和海外攻读心理学博士的经历为积淀，完成了此书的翻译工作，足以达到“信、达、雅”的翻译水平，译者序中呈现的暖意与深情，更是对原作者最好的回应。期待有更多的国内读者们与此书相遇，无论我们是否受心理疾患的困扰，都会从此书中有所收获。祝福每一位读者都能获得“越来越好的旅程”，祝福我的学生仲芳在临床心理学领域有更多的建树，惠及更多的人。

王建平

北京师范大学心理学部二级教授、博士生导师，
北京师范大学心理学部临床与咨询心理学院副院长，
中国心理卫生协会认知行为治疗（CBT）专业委员会副主任委员，
中国心理学会临床心理学注册工作委员会常务委员，
北师大“心理咨询与研究中心”创始人，
主要从事心理障碍的评估诊断、心理咨询/治疗、临床督导以及CBT培训等

本书简介

有一本书，为你盛开

这本书是我为你写的，是的，为你。它也许是爱你的人送给你的礼物，也可能是你买来给自己的。当你拿起它的时候，你是怎样的心情呢？也许是忆起你曾苦苦挣扎于自己各种糟糕的情绪，或是现在正陷于苦难的磨炼，又或是你在很长一段时间内都感觉哪里不对劲……你现在可能充满希望，又或是绝望。但无论你是谁，无论你正在经历着什么，你都要照顾好自己的身心健康，所以这本书，是写给你的。

这本书记录了我为恢复自己的身心健康而做的努力。从我第一个症状的出现和接受第一次治疗，到现在处于积极的状态中——我会坦诚地描述这一段康复之旅，以及我这一路上学到的一切。这个旅途充满了低谷和挫折，但也同样有着巅峰和胜利。我将这些写出来，是希望能分享给那些身处苦难却感到无助的人。尽管我的经历并不少见，但现实生活中却很少有人会谈论起他们曾经的痛苦和挣扎。分享我的经历只是一个起点，我希望能与你谈论你的心理状况，去讨论那些你可能在过去、现在或未来经历的事。**我想告诉你，即使在你低落的时刻，你也并非独自一人，也并未迷失无措。世界的光一直在你身后，你的高光时刻终会到来。**

在书中，我将描述我在这一旅途中学到了什么（以及我所做的改变）。我会通过图片和文字，分享一路上那些治愈了我的关键点，分享真正能提供帮助的自我照顾的工具，以及在康复之路上可能遇到的问题和应对方法，还有当你再次与自己成为朋友时，你将拥有的新视角。简而言之，我分享了我如何在困境中学会逆风成长（不仅仅是简单的生存），所以你可以从我的经验中汲取任何对你有用的东西。

这本书涵盖了一些敏感话题，包括自杀、创伤和哀伤。当你感受不好的时候，不要觉得你有义务去阅读任何对你来说太沉重的内容。我之所以讲述这些经历，是因为我想与你分享旅

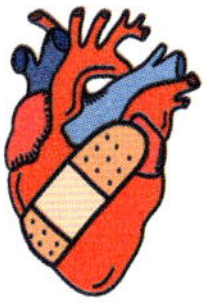

途中一切真实的存在。我相信这些话题不应该成为禁忌。我用一些符号标记了这些内容，当你准备好阅读时，你可以尝试翻开它。

你可以根据自己的需要去阅读这本书，无论是从头到尾按顺序阅读，或是直接切入某个对艰难时期的你有帮助的部分。书的内容章节都很短，并配有我为你画的插图，我希望你能很容易地从书中获取到你所需要的。你可以在你感受深刻的页面中写写画画，也可以将这本书借给最近感觉不舒服的朋友，或在你最需要的时候将它放在手边……无论以何种方式，我希望你能用它来帮助自己和你爱的人。

我希望通过这本书让你知道，**世界上有几千万甚至更多的人与你有相似的感受，而且有无数种方式可以治愈你**。你不孤单，也不要放弃。无论你正在经历什么，我最大的心愿就是给你一点希望——就像一只手握住你的手，即使你感觉世界就在你身边坍塌。在你不确定自己需要什么，或当你没有足够的精力去判断从哪儿开始时，这本书中的观点、小贴士和技巧可能会对你有所帮助。优先使用对你有用的方法，剩下的放在一边，等需要的时候再捡起来。

最重要的是，我希望这本书能提醒你关注自己的身心健康，并像对待最值得照顾的人一样对待自己——因为你值得。

引言

别怕，你不是一个人静静崩溃

我无法确切地记起是什么时候，第一次开始感觉自己有问题，我怀疑它可能持续了很长一段时间。

我妈妈告诉我，我在婴儿时期是个非常随和的孩子，大部分时间都非常满足和平静。这让她好奇育儿到底有什么可大惊小怪的。但是，我学会了说话之后就没怎么沉默过。我最喜欢问我的祖父母各种问题。我喜欢他们的旧手工书，每当这个时候，他们就会从书架上拿下来给我答疑解惑。我也有着丰富的内心活动；我会给自己讲故事，这些故事建立在我复杂的内心世界中。在这个世界里，想象中的人物、地点和事件在多年后的白日梦中不断地重复和发展。

在我的童年生活中，我喜欢待在自己的思想世界里，那里对我来说是一个神圣的空间。如今世事变迁如斯。

我见的世面越多，新的体验就越多，我反而变得越来越警惕和恐惧。在学校上学时，这种感觉越发强烈了。大多数其他孩子似乎都无忧无虑，相比之下我却太紧张，我甚至不能和他们一起爬树。三年级的数学课，我常常什么都听不懂，只能自己偷偷地哭泣。有一次又是上数学课，我第一次流了鼻血；我双手捂着脸，太尴尬了，不敢引起别人的注意。当老师让我放下手时，鲜血已经糊在了我的脸上和手掌上，又黏又稠。我感到好丢人。后来我被诊断出患有数学障碍，这是一种对数字理解非常困难的学习障碍；我还被诊断出患有多动症，除非我对某个话题特别感兴趣，否则完全无法集中注意力。

我觉得我“有问题”的主要原因是，别人就是这么说我的。大人们不断责备我太敏感，在学校不够努力。这让我很沮丧，因为我也在尽可能地努力着，但这还不够。当我14岁时，焦虑和其他我无法解释的感受不断消磨着我。我注意到我不再感到好奇、喜悦或满足。我不确定那是什么时候发生的，而且那时我觉得自己已经不在乎这些了。我当时是一个十几岁的孩子，青少年时期本该是充满热情和烦恼的，不是吗？

但我的感觉并不像普通青少年的烦恼，它更像我大脑中负责快乐的部分被人通过手术切除了。很长时间我对任何事物都完全不感兴趣并感到绝望——我和周围的一切是那么不协调。

我当时在日记中还写过遗嘱，但从未问过自己为什么这么做。其实我并没有什么贵重资产，比如房子或汽车，所以遗嘱甚至没什么用，但我仍然觉得我需要立遗嘱。我的父母一直为我担忧，随着我一步步退回自己的角落，他们越来越担心了。

在我十二三岁时，妈妈曾经帮我预约了一个治疗师。她的办公室很明亮，随意地摆放了一些不喜光照的植物；小桌子上放着一碗用来安抚小孩的玩具，还有一包刚打开的纸巾，其中一张微微伸出来，像是邀请或提醒我去抽一张。靠墙排列着白色的简易书架，书架上摆放着整齐的心理学图书和一幅巨大的马蒂斯的画作。

我问她所有这些办公室装饰都是她自己选的吗，她告诉我以前没有人问过她这个问题。她很“实事求是”，在某种程度上这让我感到不安。但当我问到这些让她开心的事情时，她变得更柔和了些。她让

我填写了一些抑郁症相关的表格，并询问了我有关家庭生活的个人问题。她还问我是否想死。尽管已经起草了遗嘱，但我不想死，或者说至少还没有真正考虑过。

她想知道我是否已经抑郁了很长时间，我解释说它是一波一波出现的。“你经历过幸福的时刻吗？”她问。在回答之前我并没有想太久。“是的，有些日子我还是很开心的，”我回答道，“甚至感觉太开心了，但它每次都不能持续下去。之后我总是会再次陷入抑郁。”

这话让她停顿了一下，就像一个灯泡在她的脑海中亮了一下，然后她以我从未见过的速度在笔记本上潦草地记下了一些东西。她接着问我提到的“开心”会持续多久，当时我是否睡得很少，我在这些“开心”的日子里是否会变得冲动或语速很快。她让我填写了新的表格，做了更多的心理评估，然后告诉我，她怀疑我患有躁郁症。我不知道那是什么，只知道它可能很糟糕。

那天晚上，我在网上搜索了“躁郁症”，然后就抱着枕头大哭，直到哭得头疼，直到枕套被我的泪水浸湿。我哭是因为我知道她是对的，而且我明白生活已经永远改变了。几周后，病情被确诊了，我被转到治疗躁郁症的精神疾病专科。我有了一个专门的治疗团队，由医生、治疗师、精神科医生、职业规划治疗师、个案管理者和护士组成。他们让我服用名字又长又难念的药物，这些药物让我眩晕、手抖、起皮疹、在临睡前出现幻听，但重要的是它们确实能让我不那么喜怒无常了。

我觉得自己像科学实验中的小白鼠，我的青春和隐私仿佛都被夺走了——就像一个生了病的人，让每个人都为我操心。我仍然像以前一样“有问题”，但现在这些问题有了名字，比如躁郁症、广泛性焦虑障碍以及社交焦虑障碍和惊恐障碍等。而且我“很难治疗”，因为各种疾病的复杂合并症都是互相影响的。

回想起来，当时发生的事真是我人生的一个巨大变故，让我感觉好像一切都完

了。我为以前的我感到悲伤；对那个乖巧的婴儿时期的我、那个充满好奇的蹒跚学步的我，甚至是那个明显抑郁的13岁时的我，感到心痛。

现在的我多希望能回到过去告诉那时的自己，我从来都不是有问题的或有缺陷的。现在的我从那些艰难的日子里学到了很多——关于自身，以及关于每个人需要如何照顾我们自己的心理健康。**别被那些最黑暗的想法和最沉重的感受所吞噬，它们只是在提醒我需要改变、适应或去应对什么。不要屈服于那些时不时引诱我放弃的低语，而是想办法证明它是错误的。**我的恢复过程就像对我的头脑重新编程，逐步剖析并深入观测着那些被我长久以来搁置在一旁的部分。就像我长期以来忍受我的心理疾病一样，对于康复的过程，也需要我勇敢地去面对和忍耐。

我多希望能把这本书送到年幼的我的小手里，并说："看看你学到了什么！看看当你为自己加油时你能做什么。看看现在的你，她爱你！"

我20岁时在社交平台开了一个分享账户，在那里我写下了与疾病斗争的经历，分享了当我试图搞明白所发生的事情时学到的经验教训。这是一种宣泄，同时我也希望我的叙述能被那些像我一样挣扎的人看到。这个账户成了我在互联网上的安全角，令我惊讶的是，它发展得很快。显然，被我吸引的数十万人都对此感同身受。我收到了像这样的评论：“这就像我写的一样！”或者是，“你写下了我不知道如何用语言表达的感受。”这让我意识到我的故事并不像我以为的一样独特。所以，我继续分享着它，并且找到了一个目标——去帮助他人，同时改变大众对此类疾病的看法。

疾病曾经是我最大的限制，是我觉得自己在哪里都不能适应的原因，但它把我推向了一个新的方向，激励我变成更好的自己，所以我可以向其他人展示，一切皆有可能。我曾以为我的脆弱和敏感是缺点，但事实证明它们是超能力。现在我大部分时间都待在我的一间小公寓里，搞艺术创作，让人们能更好地意识到心理健康、感受和治愈的重要性。**我沐浴在以前从未幻想过的光芒中，行走在这世界上的每一天都轻松了许多。尽管有些日子仍然被黑暗笼罩，但那黑暗不再吞噬我，因为我已经训练出了帮我重新振作起来所必需的力量。**

在最糟糕的时候，我以为情况再也不会好起来了。然而现在，我偶尔甚至会带着满心的喜悦和兴奋在早晨醒来。在这本小书里面，我记录下了——让这一切成为可能的事情。

CHAPTER 1 | 第一章

人间迷失，我被黑暗吞噬

'IS THERE SOMETHING WRONG WITH ME?'

“我到底怎么了？”

让我们花点时间思考一下：你现在感觉如何？你拿起这本书也许是因为你觉得自己不对劲，或者正在担心身边的人。我敢向你保证，**你并不孤单，你正在经历的事情并不奇怪。**深吸一口气，伸直双腿，松开下巴，放松一下。你准备好了吗？

在我的治疗师说“躁郁症”这个词之前，我以为自己“太敏感”“太喜怒无常”了。承认真正发生的事情，让我明白了在正确的支持下如何帮助自己。当你苦苦挣扎于心理健康问题时，围绕着你的感觉和想法可能会让你感到困惑。你可能不明白自己的问题所在，而你其实随时都能获得帮助。

任何人都可能有过心理上的挣扎，任何人都可能患上心理疾病。那么，我们如何知道“正常”的悲伤或压力在什么时候成为更大的问题？第一步，需要了解心理健康状况下滑的常见迹象。我们越早注意到这些，就越容易解决问题。

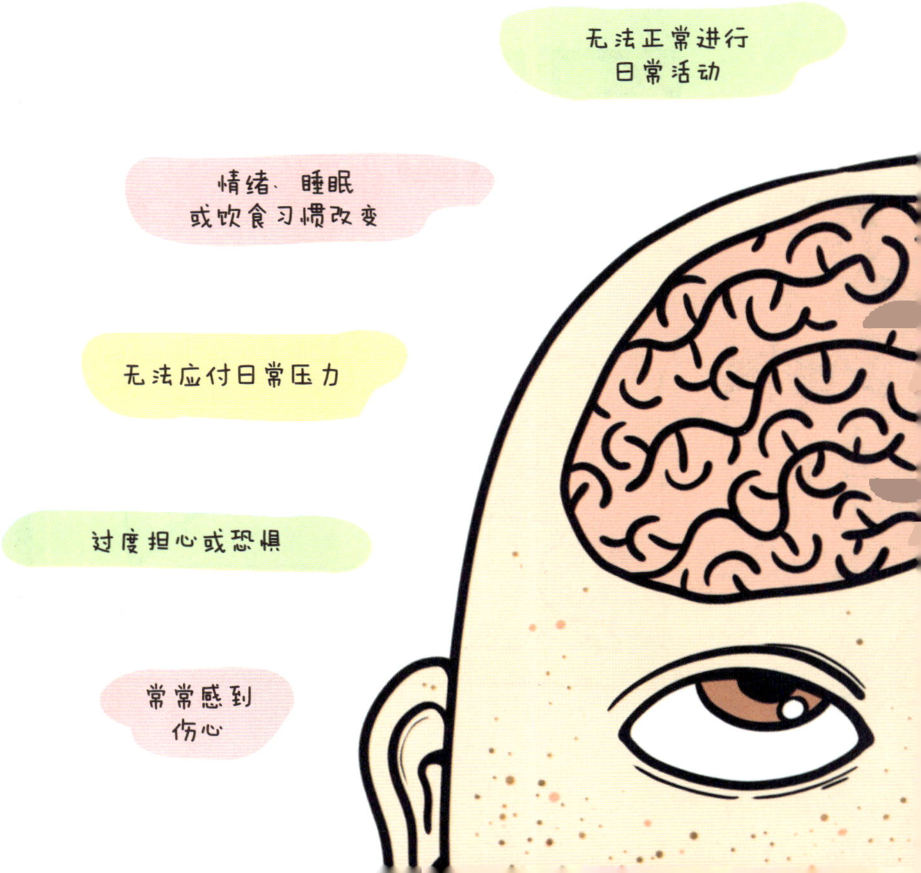

看看下面的迹象并问问自己：

- 你是否发现难以应对日常压力？
- 你的睡眠有变化吗？
- 你的饮食有变化吗？
- 你觉得更难集中注意力吗？
- 你是否退出了正常的社交活动？

我知道这一刻有多困难，特别是如果这是你第一次经历它，但直面这些早期预警信号是让你感觉好起来的第一步。

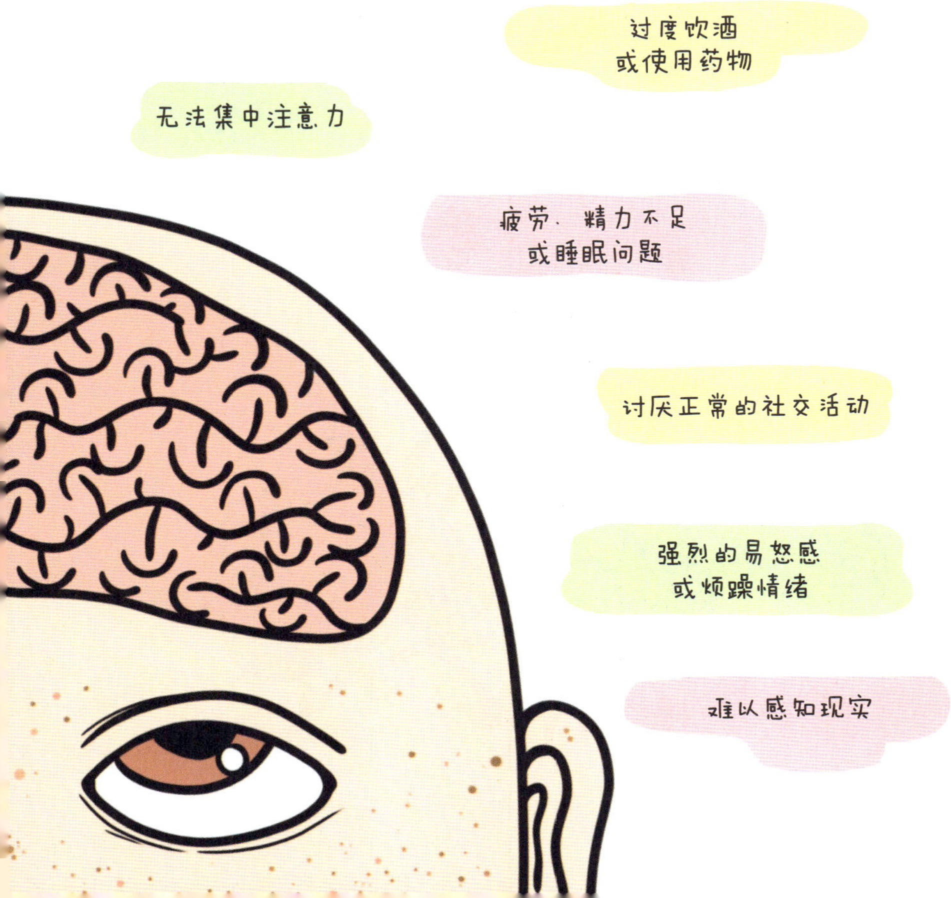

我们都要照顾好自己的“心理健康”

我们的心理健康，包含我们的心理、情感和人际健康等。照料它至关重要，但我们通常都不会优先考虑它。我相信这是因为大多数人并没有得到正确的指导。

我第一次生病时觉得自己很失败。但我最近意识到，我是被一个不接受我们这些有问题或疾病的人的世界错待了。我想知道，如果不必面对心理疾病带来的混乱和执行功能障碍，或者不必经受情绪障碍的风暴，我的生活会有多么不同。我们中的许多人无法获得心理健康资源和心理治疗，还有许多人的成长环境将心理健康问题污名化，这

些家庭和社群中存在的有关心理健康的问题、担忧或预警状况仍未得到解决。我认为社会的发展并不是完全为了滋养我们每一个人的心理健康，反而经常使情况变得更糟。

我在第一次诊断后不久，就目睹了很多朋友在高中时相继出现问题。孩子们在16岁时疲惫、懈怠或自我麻痹，因为压力太大而去住院治疗或转学。在后来的工作中，我还看到过同事因为工作压力而崩溃，不得不长期请假休养。我遇到的许多人都与他们的身体有过扭曲的、消极的关系，并且多少都有点饮食失调。某种程度上，糟糕的心理健康状况其实很常见。

挣扎在遗传基因、世代创伤、社会不公、恶劣的工作环境、高学业期望、缺乏医疗保健和生活压力之间，我们中的许多人都不可避免地要与心理问题作斗争。因此，**让我们永远不要忘记：如果你在心理健康方面遇到问题或麻烦，那不是你的错。**

日常生活的快节奏并没有给我们留下足够的时间来照顾自身的情绪健康。在工作、生活的责任和义务之间，很难找到时间进行自我调整。但是，不管心情好坏，只要每天抽出一点时间来进行一些治疗性练习、做一些正念训练或多多关注自己的感受，就可以养成促进心理健康的好习惯。我们的心理健康状况是动态的，可以迅速改变。我们可以创建一套可靠的应对方法以便在崩溃时能及时淡定地应对。所以，请尝试不同的自助策略并找到适合你的方法。这就像装饰一个生活空间，一块一块地建造它，直到你可以在其中休息、创造、交谈、随心所欲地活动。你的大脑是你永久的心灵家园，所以请根据自身需求来布置它，这一定会让你的生活有所改变。

心理疾病是什么感觉

尽管我们有心理疾病的诊断手册，但每个人经历心理困扰的方式都是各不相同的。它就像我们的指纹一样独特；我们独特的经历是由后天培养、文化和日常生活共同塑造的。但每一种心理障碍都有一个共同点，那就是它对我们的日常生活产生负面影响。四分之一的人会在他们生命中的某个时刻经历心理问题的困扰。就像我们的身体会出现各种状况一样，每个人的心理健康也会出现各种问题，并且状况会有起伏。从长远来看，关注我们的心理健康可以帮我们更好地预防心理疾病。

对我来说，心理疾病让我畏避一切，缩手缩脚。我病得越重，出现的限制和障碍就越多，我和其他人之间的距离就越来越远。小任务变成了难以克服的大困难。随着时间的推移，我的能量像气球慢慢放气一样被吸走。过往的爱好反而变成压力源，或者感觉自己付出了太多的努力。这感觉就像一点一点地迷失自我，不断地“期待”着即将到来的厄运；这感觉又像吹灭生日蛋糕上的蜡烛，只想着去床上睡一觉。挣扎于我的多种病症里，我经历了偏执、灾难、妄想、绝望、失望、麻木、创伤性压力、思想奔逸，它们时而循环往复，似乎永无止境。

有些人真的低估了心理疾病对人们造成的不可估量的伤害。这就像陷入流沙里一样；让你精疲力竭的不是溺水，而是试图把自己拉出来的强烈的疲惫感。虽然这很可怕，但就像在流沙中一样，你如果想生存下来，就必须向后靠，靠进去，然后呼救并接受他人的帮助。这样做可以帮助你在其中维持漂浮，即使你已经觉得自己快要滑入谷底了。

我沮丧地在“流沙”中坐了很多年，直到后来获得了足够多的帮助来摆脱困境，它们包括：应对技巧、人际关系和力量。**有时我还会有一只脚滑回去，但一次次地，拔出它来都更容易一些。**

我的抑郁症表现在……

我想做新的事情，但缺乏精力。

我想寻求帮助，但觉得自己是个负担。

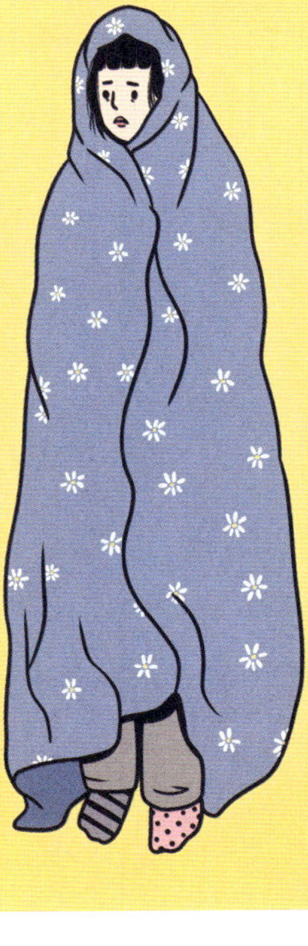

我想努力让自己变得更好，但感觉没有希望。

我想做我喜欢的事情，但没有什么能让我兴奋或感觉良好。

我想相信事情会变得更好，但我很难想象这种可能性。

我想把事情做好，但我没有动力。

我想感受到别人的爱，但我觉得就连讨人喜欢都难。

我想要快乐，但这又有什么意义呢？

我在这里不开心

我在这里也不开心

我在这里还是不开心

为什么我在哪里都不开心？

心理疾病是什么样子

当我说出焦虑和抑郁经历时，有时会遭遇人们困惑的目光，他们上下打量着我，皱眉说："哦，我没有想到，你看起来并不焦虑，也不抑郁。"良好的第一印象对我来说很重要，为此，多年来我一直假装快乐，努力让其他人在与我的社交关系中感到安心和快乐。焦虑可以被认为不感兴趣或害羞，抑郁可以很容易地通过简单的"我只是累了，我睡眠不足"来掩盖。由于心理疾病是由隔绝外界的混乱思想和行为组成的，因此其他人可能不会注意到。它不仅在很多方面是不可见的，而且我们会因为担心别人的看法而故意将它们隐藏起来。

对于那些不懂心理健康的人来说，心理疾病意味着软弱、被伤害、做作、寻求关注或危险。我向我的一位雇主坦白了我有躁郁症，后来我因工作环境太"恶劣"而辞职。那位雇主过后打电话告诉我，他曾想要解雇我但没有，因为他担心我可能会像他悲惨的患有躁郁症的朋友一样"自我毁灭"。从那以后，我再也没有向工作中的人透露过我的健康状况。尽管我没有任何改变，但前雇主却因为知晓我的病情而完全改变了对我的看法。我和以前一样能干，但他的偏见扭曲了他对我的看法。

对心理疾病的偏见是心理健康正常化的巨大障碍。为了开始我们的斗争，我们需要感觉好像我们会被同情、被接受，而不是面对恐惧或偏见。他可能不认识其他躁郁症患者，因为如果他认识，就会知道这并不罕见。我们遇到的拥有不同生活和经历的人越多，就越了解不同的大脑如何工作，就越能接受每个人的差异。**我们可能会畏惧敞开心扉，但一旦我们身边有了可以倾诉和依赖的给你安全感的人，就可以真正让对方理解心理疾病不是“房间里可怕的大象”**[①]**，而是可以谈论的事情，因为它可能发生在任何人身上。**

① “房间里可怕的大象”：指代人们不愿提及或故意忽视的棘手问题。——译者注

抑郁会这样

同样也会这样

焦虑会这样

同样也会这样

你最近怎么样？

当有人问你感觉如何时，你是否发现自己会本能地说“我很好”，而实际情况却远非如此？

我们很少有机会透露自己的真实感受。坦诚地诉说我们的消极情绪，感觉会很失礼。但外界支持是康复的关键。想一想你可以邀请谁加入你的支持系统，朋友、网友、咨询师、你的监护人或亲属，或者正有类似经历的同事？与他人建立联系可以带来巨大的改变。有时我们甚至会对自己撒谎：我们因为太痛苦而遗忘自己的感受，并且现实中还有很多其他事情需要处理。**我们在不知不觉中带着未解决的痛苦走来走去，走到哪儿都带着，这让每一步都变得更加沉重。**

那么，你的真实感受如何？任何答案都可以，没有什么会显得太脆弱或是难以启齿。此时此刻的你，好吗？

问问你自己

我现在有什么负担？

我是否一直在压抑自己的感情？

我现在是否因为什么而感到羞愧或内疚？

当我想起过去发生的事情时，是否有什么事真的伤害了我并让我感到不安？

我现在是否将忧虑和紧张都装在身体里，如果是，它们在哪里？

为什么我会有
这样的感觉？

让我们转动转盘！

工作压力
跟整个世界生气
对自己生气
过去的创伤
我发现与自己对话会陷入深渊
心理疾病
钱不够花
忘记吃药
各种复杂感受交织
？？？？？
愧疚感
荷尔蒙
把自己与他人做比较
慢性疼痛
糟糕的社会环境
生活压力

寻求帮助是个好主意

我的心理康复之旅在最开始可以用一个词来形容：不知所措。出事了，现在怎么办？我要去哪儿？我该说什么？会发生什么？这些都是十几岁的我需要面对的问题。

主动寻求帮助并不容易，即使在你最需要的时候，也可能会因为种种原因而变得十分困难。你可能会惧怕自己将得到的回应，或者担心人们会如何看待你；你可能会发现承认自己需要帮助很难，或者只是感到困惑和纠结。寻求帮助可能会让我们感到不舒服，因为它要求我们展现脆弱并放弃控制权。虽然有时候我们情愿被视作独立和有能力的人，而不是有需求的人，但作为人类我们总会需要帮助。

我现在被凌乱的房子弄得不知所措，你能过来帮我收拾一下吗？我可以请你吃饭！

我的治疗师说我应该多走走，但我真的没有动力。你想一起来吗？

这让我很困惑，你能帮我解释一下吗？你很善于搞明白这些东西。

我可以向你倾诉一下吗？我需要一些支持。

我正在挣扎，我需要帮助，你介意帮我找找心理健康资源吗？

我们需要其他人的帮助，社交支持和人际关系是我们人类的基本需求。生活有时会让人不知所措，当我们感觉不舒服时，一个简单的任务，比如洗碗或安排一个约会就会让人觉得几乎不可能完成。好消息是，大多数人都喜欢帮助别人。

最好不要用“寻求帮助让我感觉很糟”来打开对话，因为我们没有理由感到内疚。**人们可能会称赞独立自主，但如果不学着接受帮助并回馈帮助，我们就无法成功地度过一生。**帮助可以有多种形式：有时你可能需要一个倾听者，有时你可能需要一些实用的建议或日常工作的帮助。

你可能已经向你的朋友、家人或伴侣寻求过帮助，并已经意识到你真正需要的是专业人士。不要害怕迈出第一步，与你的医生或治疗师联系；你不必知道该说什么或会发生什么。他们可以帮助你解决所有这些问题。

如果你对治疗费用有所顾忌

你或许可以通过以下方式寻求帮助：

- 所在地的医疗服务机构或咨询健康保险
- 在线治疗或咨询服务（许多在线咨询还有折扣价格呢！）
- 所在单位、学校或社区的心理咨询服务
- 社会公益心理健康组织和慈善机构

如果这些选项都不奏效，请尽可能多地向朋友、家人、医生和可靠的在线资源、图书及应用程序寻求有效建议。

“我想活着，
但是我现在不想存在”

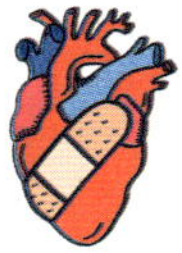

接下来的几页是关于自杀的话题，包括我对自杀的感受和企图的探讨。我认为这个话题非常重要，但如果这不是你现在可以面对的事情，请跳到第58页。

当我正在经历一段艰难的时期或者被巨大的挫折感压垮时，我喜欢想象，如果能陷入一段漫长的与世隔绝的睡眠该有多好。无意识地、麻痹地躺着，不再有情感的痛苦，也感觉不到自己的存在，一切都可以停止。当我再次醒来时，我的身体将感到温暖，精力充沛，之前的挫折似乎已经远离。但很显然，这实际上是不可能的，也不会真正地起作用。

很多人对谈论自杀感到不适。这是由于人们对它的恐惧和误解。人们普遍认为自杀只是一种选择——自杀的人想死。但实际上，在大多数情况下，我相信选择自杀的人并不是真的希望去死，而只是想逃离那种在现实中无法逃避的痛苦。我认为像“自私”和“选择”这样的词需要从关于自杀的讨论中被根除，因为这与道德或责任感无关。自杀是导致死亡的主要原因之一，因此我们谈论它的方式需要更加慎重。

我自己有过自杀的经历。17岁那年对我来说非常艰难，我的状态很不好，当时医生给我开了一种药，吃了它之后，我出现了药物性精

谬误	事实
谈论自杀可能会鼓励有自杀倾向的人尝试自杀。	谈论自杀很重要，这可以向其他人表明你会在那里提供帮助和倾听。
自杀只发生在患有严重精神疾病的人身上。	许多自杀是由压力大的生活事件引发的，并且这可能发生在任何人身上。
无论我们做什么，想要死的人都会找到办法。	自杀的冲动往往是暂时的，尽早干预可以挽救生命。
说自己有自杀倾向的人是在博取关注。	寻求关注的行为应被视为求救行为，理应受到重视。

神错乱，进而导致躁狂发作，生活中的一切都陷入了困境。躁狂发作开始是偏执和不真实的感觉，接着升级为强烈的被害妄想，我总感觉有什么一直在伺机伤害我，我开始担心自己的生命安全。

我眼角的余光可以看到黑暗的形状和阴影，总感觉那里似乎会有一只长爪伸出来抓住我。躁狂使我看起来很快乐、很有活力，但在我的脑海中，一切都是混乱的。我没有选择寻求帮助，既是因为害怕会被带到某个不想去的地方，也因为伸手求助意味着亲口证实这些我不想承认的事正在发生。如果这件事发生在现在，我会毫不犹豫地伸手求助。但在当时，我不知道这种反应是一种需要就医的紧急情况，并且那个时候我也不知道如何为自己解释。

有一天晚上，情况变得异常糟糕，我因为睡眠不足一口气服用了

接下来几周的所有药物。从这一刻开始，关于那个夜晚的记忆就只剩下几个模糊而支离破碎的片段。两名警察在墓地旁的路边发现了赤着脚、语无伦次的我，赶紧把我送到了医院。我的视野被一条越来越大的黑边勾勒出来，随着它越来越大，一种遭逢厄运的感觉降临了。我被架在床上，又被喂了可以从胃里吸收有毒物质的活性炭。记忆里最深刻的就是煤的味道，以及它卡在我喉咙里的感觉，成块且粗糙而难以下咽。

当我醒来时，发现自己的手臂上有一个静脉注射器，而家人们脸色苍白地徘徊在我的病床边，他们看起来比以往任何时候都更痛苦，这一幕瞬间扯动了我的五脏六腑。当我在浴室的镜子里第一眼看到自己时，简直认不出这是我：眼睛通红，活性炭已经干在嘴角和牙龈上，嘴皮也干燥脱落。“你做了什么？”我的脑海中响起痛苦的嗡鸣，反复质问自己。

我们对自杀未遂后发生的事情谈论得还不够。我不知道该如何处理已经发生的事。感觉就像我在自己的生命里投下了一颗炸弹，将周围的每个人都卷入了爆炸中。人们开始在我周围如履薄冰。直到几个月后，我妈妈也一直坚持让我采用药物治疗，我为了让她安心就接受了。如果我出门散步没有“报备”，父亲就会开车在附近转悠，以确保我没事。

接近死亡的经历让我感到受创，并为此深感内疚。我花了很多年的时间才能够在治疗中谈论它，甚至用了更长时间才真正接受这件事其实是一个创伤。**然而只有通过接受，我才能开始原谅自己，逐渐放下长久以来的所有耻辱感。**

我以前从未想象过会经历这样的事，但在更多人的帮助下，我变得更好了。

这就是为什么我认为，“自杀可能会触及我们每个人的生活”。承认这一事实是如此重要。谈论自杀并不会导致自杀，但可能意味着我们和我们所爱的人能得到需要的帮助。在情绪紧张时，我偶尔仍会有轻生的念头或奇怪的想法，但有几种方法帮我度过了那些黑暗时刻。我会在后面的内容里详细介绍自我安抚和自我舒缓的方法，它们都很有帮助。我会提醒自己感觉不是永久的，并想象如果第一次的意外导致我离开的话，我将会错过之后的所有生活，这些想法都能帮助我正确地看待这件事。我认为关于如何预防自杀有两点非常重要：一是有意识地在日常生活中增加欢乐时光和值得期待的事情；二是控制压力。

如果你也曾有过自杀的念头

尝试为接下来的几周计划一些值得期待的事情，可以是一些小事，比如吃一顿你最喜欢的外卖或看一部新电影。

不要自我封闭！与人建立联系并维持你的人际关系。

花点时间来消化这些难过的情绪，并尝试善待自己。

尽可能减轻你的日常压力。

找出你自杀念头的来源，并问问自己：

- 我第一次有这种感觉是在什么时候，是什么触发了它？
- 什么让我感觉更好，什么让我感觉更糟？
- 我可以做什么，或在别人的帮助下做什么，来让我的生活更加平静？

阅读从自杀念头中
幸存下来
并康复的人的故事。

如果你真的尝试过了，那么
请记住，感到宽慰、失望、
尴尬或愤怒都是正常的。

通过参与自我保健
和康复行动
来提升
对康复的重视。

加入线上或线下
互助群组。

用能让你感到安心的东西
制作一个“应对工具箱”，
比如童年的毛绒玩具、
老照片、最喜欢的
甜点等。

与专业人士或你信任的人
谈论你的可怕的
念头。

为未来制订应急计划，
比如遇到问题给谁打电话、
使用什么应对工具、
安全的去处等。

通过学习新事物来丰富
你的生活，比如尝试新的
爱好或加入一门课程。

当你出现自杀的念头时……

如果你需要即时的
帮助，请致电
危机热线。

坐下来写下
自己的感受，
可以写下你喜欢的事情，
或者你想做的事情，
或者给老年的自己
写一封信。

去室外走走，
让皮肤感受
阳光和风，
并尝试感受与
周围世界的
联系。

给自己
做点好吃的
好喝的，
让自己
舒服点。

告诉某人
你的感受，
例如家人、朋友或
任何热线。

稳定你的
呼吸并专
注于感官，
让你的
思想
稳定下来。

尝试自我压力释放方法，
比如把东西撕碎
或洗冷水澡。

慢慢来。
每过五分钟
就分散自己的注意力
并奖励自己。

试着认识到
每一种感觉
几乎都是暂时的，
包括想自杀的感觉。

拿走任何你可能用来
伤害自己的东西，
并转移到一个
安全的地方。

压抑在我们身体里的创伤

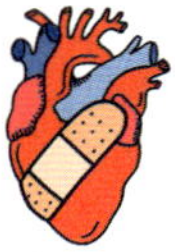

接下来的内容讲述了我遭受侵犯和亲眼看到一场事故的经历。我讲述这些事，是因为它们是我自己内心经历的重要组成部分，但如果你现在不想阅读它们，请跳至第66页。

创伤可能比你想象的更常见。尽管我们通常以为创伤性事件是类似在战争或自然灾害中幸存下来这样的事情，但诸如经历离婚、身体受伤、突然失去所爱之人、小时候目睹家庭暴力等，也是创伤性事件的例子。童年创伤会影响成年后的我们：有个叫作“逆境童年经验”的筛选测试，测试得分高的人更有可能挣扎在药物滥用、慢性抑郁症、恶性应激等问题中。经历创伤性事件会增加罹患心理疾病的风险，因此回顾我们的生活，并问问自己是否有未愈合的创伤可能会影响现在的我们，这一点非常重要。

由于创伤，我的青春期在记忆里几乎是模糊的。17岁时我已经接受了几年的治疗，感觉状态非常稳定且已经充满活力。但我的康复之旅在我被侵犯后受到了考验，起初我甚至没有意识到这是伤害，我相信很多人都会有类似的感受。我去参加音乐节时发生了这件事，大脑为了保护我，将它隐藏在我意识的深处。那个模糊的夜晚过后，是去青年诊所就诊造成的二次创伤，而生活还继续着。我没有专注于这件事情，直到一个朋友关心地安慰我，在那个安全的时刻，我的大脑终于明白发生了什么，以及它是多么可怕。

未愈合的创伤是这样的

自我价值感低

保持忙碌
以避免面对创伤

在关系中
相互依赖

容忍发生争吵
或无礼行为

害怕被抛弃

抵制积极的
变化

把你的需要
放在一边而
为别人着想

总是害怕
接下来
会发生什么

渴望被人认可

难以为自己辩护
和坚持界限

一种与生俱来的
羞耻感

不能容忍冲突

这些事已经发生过了，即使……

你从没告诉过
任何人

它发生在
很久以前

你不记得
事情的全部

直到后来
你才意识到
这是创伤

人们不相信你

你的生命没有
受到威胁

你现在感觉
好多了

你知道经历
"更糟糕"的人

它没有发展成
创伤后应激障碍

但是，它仍然被藏回了意识深处的盒子里，因为那种感觉依然难以言表。与此同时，那晚的创伤对我的潜意识也造成了伤害：我开始限制自己的饮食，好像想要整个缩小一样。那一年唯一增长的是我对周围陌生人的恐惧感。

我把那次创伤记忆放进了“盒子”，在意识深处藏了一年，直到下一个多米诺骨牌倒下：我在美国公路旅行时目睹了一场致命的交通事故。这次创伤记忆与之前的截然不同。之前的袭击是模糊的，像是经历了一场梦境，而这段记忆却清晰如白昼，就好像我可以走进它并重新体验一遍。

那天，我们在日落时分停下车休息，突然被附近的一声巨响打断了。由于担心是枪声，我们又回到车上，但随后我们开车路过了那里：有一辆汽车在路上侧躺着，车轮朝向我们。在经过它时，我的朋友安慰我说：“看，救护车来了。”但我在车里看到的场景告诉了我自己，一切为时已晚。

当我们继续开车时，只要我闭上眼睛，我都可以再一次看到事故的细节。我在旅行结束后的很长时间，每晚都会做跟事故相关的噩梦，充斥着鲜血、死亡和撞碎的玻璃，每次醒来时我都精疲力竭。当我在车里时，手脚刺痛发麻、心跳在喉咙里和耳朵里怦怦直响。我曾被侵犯的记忆也开始在脑海中浮现，我接连受创的潜意识无法再把它关在“盒子”里了，我感到害怕，并一直处于紧张状态。

几个月后，我被分配给了一位新的治疗师，不久后即被诊断出患有创伤后应激障碍（PTSD）。

我用仅有的一点技能，做了很多工作来帮助自己康复。

我曾做过一些认知行为治疗，对我来说，这意味着要直面我的社交恐惧来战胜社交焦虑。**停止恐惧的唯一方法是直面让你害怕的东西，我知道我必须得面对了。**

坐在车里会让我恐惧，所以我尝试同意朋友和家人开车带我兜风；在陌生人面前我会害怕，所以我试着多了解朋友的朋友，有时也会尝试向一位陌生男性问路或问时间。

我写下创伤经历，将记得的一切写满一页页纸。我把它们按顺序写下来，将自己在这些经历中的想法罗列出来，写成诗歌或押韵的歌谣，我还给侵犯我的人写了充满愤怒的信，然后把它们揉成一团。当我独自在家时，我会将这些经历从头到尾一遍又一遍地大声喊出来。

许多创伤的治疗重点是通过一次又一次的回忆来处理创伤，直到感觉不那么强烈。创伤记忆不同于正常记忆，它们是杂乱无章、支离破碎的。我们对创伤记忆并不像对待普通记忆一样——我们会重新体验它们。创伤治疗工作帮助我们吸收和整合这些记忆，给它们一个开始、一个过程和一个结束，从而帮助我们的神经系统记住"过去是过去，现在是现在"，并且现在我是安全的。

当我在努力治愈我的创伤时，很多其他的东西突然涌现——一些我已经忘记的小创伤，或者那些我甚至没有意识到是创伤的经历。比如小时候在学校被欺负，或是曾经忍受慢性偏头痛带来

的剧烈疼痛感，或是在12岁时成为一位绝望的朋友唯一的支柱。我的童年经历仍然在内心某处刺痛并伤害着我，随时会带来痛苦、疼痛和紧张。

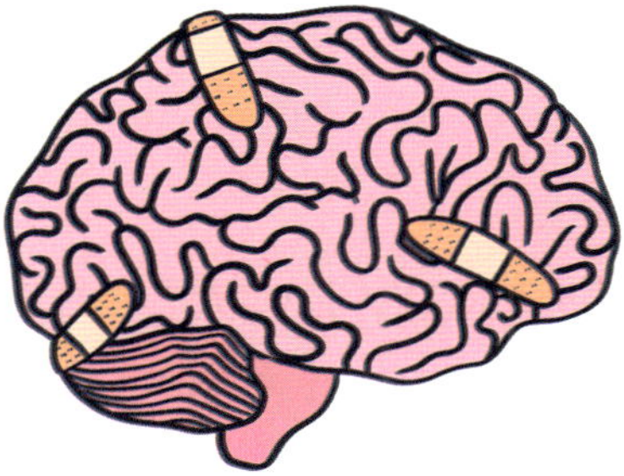

创伤是如此强大，它被认为甚至可以改变我们的基因，并遗传给我们的孩子，这就是所谓的“代际创伤”。这是不可低估的。

我坚持写日记，与我的伴侣和治疗师交谈，完成能让我直面恐惧的日常活动并收集应对创伤的办法，尽量避开某些触发因素，例如电影中的攻击镜头等。我对自己很有耐心。经过7年的时间，我认为自己摆脱了创伤后应激障碍。

创伤记忆仍然很痛，但它们不再使我裹足不前，我不再被恐惧支配。也许有一天我会想和朋友们再去参加一次音乐节，甚至还可能尝试自己去考驾照。

如果你背负未治愈的创伤，有很多方法可以帮到你。有时可以让你感觉更好的事情可能会出乎意料。我已经确认了很多方法有效并且已经提到过，我的建议主要有：

• **各类被广泛用于帮助治愈创伤的疗法，**例如EMDR（眼动脱敏和再处理）、神经反馈和创伤表达艺术疗法。

• **恢复性瑜伽，**被广泛认为能帮助神经系统从创伤中恢复。

• **呼吸练习，**例如进行缓慢而有目的的呼吸，这有助于激活副交感神经系统（帮助我们释放压力的“休息和消化”系统）。

· **阅览有关创伤的论坛和书以及新媒体，**帮我感受到有一些人能理解我。阅读《身体从未忘记》，这本书对我认清创伤的本质特别有帮助。

请记住，你可以寻求帮助。对我来说，目睹一场致命事故所受到的创伤，意味着不得不寻求帮助，这又揭露了我过去没有处理的创伤。

不要淡化你的经历——如果你觉得自己经历了一些创伤，即使你觉得只是“可能”需要帮助，也要和别人谈谈。不要等到创伤扩大了对你的伤害，才去治愈它。

治愈创伤就像这样

记住，感受没有对错之分

用运动来重新连接你的身体，尝试做有节奏的运动来锻炼四肢

依靠你信任的人

试着重建一种常规意识

阅读图书并寻找有关创伤及其应对措施的信息

寻找健康地表达愤怒、悲伤和麻木等情绪的方式

聆听其他幸存者的故事和治愈之旅

这不是你的错

当你面对糟糕的心理健康状况时，很容易感到孤独。我认为自己病得特别重，这意味着我需要隐藏内心的动荡，因为我曾觉得这是非常奇怪并难以被理解的。但是**当我将自己的感受用语言表达出来时，我发现这些感受和经历都是很多我认识的人所共有的。无论我感到多么羞于言表，只有讲出来才能为我打开被理解的大门。**

如果我们没有被正确地指导如何谈论痛苦的感受，或者不被允许表达它们，我们长大后就会对它们感到更加羞耻或害怕。有时我们会淡化经历过的创伤性事件，然后事情发酵并挥之不去。**治愈的第一步是承认它。寻求帮助非常重要，即使你不确定它是否足够“严重”。因为只要伤害或困扰存在，你就需要去解决它。**当你没有方法来应对不自信、压力、悲伤或生活中的很多困难时，你会很容易认为自己已经崩溃，或你的思想在与你做对。但是，如果我们给自己时间，允许自己寻求帮助或支持，并在我们陷入治疗的反复起伏的过程时，对自己保持耐心和善意，每个人都可以学会这门让我们感觉更好的艺术。

心灵笔记

我们都有“心理健康”问题

●

不同人对心理疾病的看法和感觉是不同的

●

注意心理健康状况恶化的警告信号

●

你可以克服你的创伤

●

在需要时寻求帮助

CHAPTER 2 | 第二章

治愈，在每天的每时每刻

'WILL I EVER GET BETTER?'

“我把能试的都试了一遍，但没有明显效果！”

我16岁时已经慢慢适应了常规治疗，并开始深入地阅读心理学和脑科学的相关书籍，特别是与我自身病情有关的那些。就在这时，我逐渐痴迷于寻找治疗方法。我们曾经看到过，当影视剧中有人患病时，他们的心情会跌入谷底，然后在治疗中的某一刻，出现了改变一切的灵光一现，也许还会铺垫一些情况逐渐改善的蒙太奇镜头，最

后——他们在片尾字幕出现前就被治愈了。然而现实中，我感觉自己已经触到了谷底，那么属于我的灵光一现的顿悟时刻在哪里？

我尝试了得到的一切建议：谈话疗法、职业疗法、认知行为疗法、团体疗法；抗抑郁药、安眠药、抗精神障碍药、情绪稳定剂。令我惊恐的是，那些东西并没有立即治愈我，所有这些针对控制情绪的工作，仿佛在不断深挖我的脑子，这个过程就像穿过雷区。我无法判断情况是否好转。似乎是变得更糟了，因为治疗师总是发现新的诊断结果。

就在那个时候，我发现了线上的交流平台。网红们推广排毒、健康饮食和运动作为保持心理健康的方式；宣传诸如“好日子和坏日子之间的差异是你的态度”这样的积极格言，附上一张众所周知的森林下堆积着药丸的图片，上面写着“这是抗抑郁药，这是狗屎！”。我易受影响的幼小心灵因此开始质疑精神医学：我的药真的只是狗屎吗？我抑郁是因为自己的态度不够乐观，还是因为我对更强的力量缺乏信心？我在户外待的时间还不够吗，我应该放弃药物并选择纯粹自然的治疗方法吗？

密集治疗挑战着我的焦虑并使我感到极度脆弱，相较之下，精油、维生素和鼓舞人心的名言看起来确实要容易得多。我开始尝试瑜伽，研究亿万富翁的日常习惯，并服用多种维生素。

但是，你知道吗，我没有找到灵光一现的时刻，也没有找到治愈的方法。

我的问题不在于做错了什么，而是我以一种不切实际的方式模拟了对康复的期望。我原以为这就像得了流感，生病、治疗，然后你就会完好如初。

心理健康问题其实复杂得多。曾经我并不认为美好的一天值得庆祝，因为我知道它总有结束的一刻。老实说，直到我彻底放下完全治愈的执念，并开始优先考虑那些能帮我对日常生活感受更好的方法时，我才真正开始好转。

如果我放下想要完全摆脱所有病症的压力，取得了任何进步时都进行庆祝，事情会怎样？只要感觉好了20%就已经很好了；那么，如果我能提高到50%又会怎样呢？如果我接受现实——心理健康状况在一个人的一生中可能会恶化和好转很多次——并给自己一些宽容呢？如果我能完全康复，那就太好了，但如果不能，活着的价值也不会因此而打折扣。即使我一生都是一个有心理健康问题的人，但只要我能治疗和控制我的症状，那就无关紧要。**康复不是一场冲向终点线的赛跑，而是一次越走越轻松的散步。**

专业的帮助和治疗很重要，但当我在独处时感到精疲力竭，也需要一些简单和省力的方法来帮忙应对。我已经将大多数健康文化的说辞抛在脑后了，因为我意识到那些只是在试图推销产品，但有些方法的确有帮助。比如：运动、正念、练习积极性都对改善心理健康状况有奇效。并非我学到的每一种治疗方法都能产生效果，所以我专注于那些对我来说有用的法子，但在此之前我会什么都试一试。

我用自己喜欢的任何方式进行自助。尽管有些人可能会说治愈水晶是无稽之谈，但我还是在我的工具栏中给了它们一席之地，因为它与呼吸练习和抗焦虑药一样让我感觉良好。我们发现的让自己感觉更好的方法越多，就越有机会用它们来充实我们的日子，使生活更加美好。

好起来似乎
对每个人来说
都不太一样

治愈之丘

有一种感觉多年来一直伴随着我。当我小时候刚开始上学时，它始于一颗小小的自我怀疑的种子，随着我度过青少年时期，它变得越来越大。这是一种酸痛，一种从我的胃到心到手指尖的顽固性疼痛。就像一个顽固的嵌甲或卡在喉咙里的果核，它太深了以至于我无法伸手将它取出来。我曾试着无视这种感觉，不起作用时，又试过各种方法来消除它。但这只能奏效很短一段时间，当我经过一夜的外出后回到床上时，迎接我的是那种熟悉的疼痛。一部分的我知道我应该警惕并及时处理它，但另一部分的我却很疲倦，她竭尽全力让我避免直面这些心理上的“蠕虫”。

在高中，我遇到了我的导师，我的美术老师纳迪亚。我们的相遇可以说是宇宙的奇迹。她走过了她自己的治愈之路，这使她有惊人的能力将学校的艺术工作室变成学生的安全空间。纳迪亚邀请大家就心理健康问题进行公开的讨论。如果我们在生活中感到精疲力竭，她会询问我们真实的感受；并且她的办公室总是为我们敞开，随时提供哭诉的空间。她不会将她的课程置于我们的心理健康之上，她是如此的温暖和充满关怀。她知道学校生活会有很多压力，因此有时会邀请我参加创伤瑜伽。

有一次，她带另一位老师来引导我们一起做冥想。她有时也讲讲自己在康复过程中的故事，这给了我很大的激励。纳迪亚帮助我意识到，**如果不屈服于脆弱就无法治愈。**当我离开高中时，已经准备好解开和探索内心的痛苦。当我允许自己剖析那种不明的痛苦时，当我有意识地选择坐下来去细细体会自己的感受，而不是刻意去转移注意力时，我清楚地意识到，这是由过去未解决的情绪问题累积而成的。随着挖掘的深入，被释放的记忆越来越多，这个过程非常痛苦。我的潜意识在创伤周围建立了一道坚固的围墙来保护我，而我的主观意识决定要把它拆掉。

我回想着小时候正在遭受伤害的自己，告诉她所有她没能听到但又极度需要听到的事情。我为她哭泣，直到哭肿了眼，哭红了脸。闭上眼睛，我想象着将她搂在怀里，将她的伤痛从每一个微小的毛孔中挤出。我给校园霸凌者写了严厉的声讨信，详细说明了我对他们行为的反应，我为失去的友谊写了颂歌。我一遍又一遍地列出所有发生过的坏事，直到每一个小细节都处理完毕。当所有的笔记都堆在桌子上时，我的大脑也安静了。我把它们全部撕成碎片，塞进了垃圾箱。情绪上的痛苦在身体上表现为头痛、僵硬和紧张，所以我舒展并活动身体。当伤害来临时，我像一头想要摆脱蚂蚁啃噬的野兽一样，用力摇晃着自己的身体，直到精疲力竭，喘不过气来。当我感到压力时，“甩掉它”是我的首选。我发誓要去感受，感到悲伤时要哭泣，感到愤怒时要表达，这可以提醒自己我已经准备好去面对困难的感受——因为我的感受正告诉我哪些是必须要去剖析的事。永远别再让它堆积到溢出或爆炸。

治愈可能是这样

学会少一点纠结，
多一点幻想。

为困难的感受
留出空间。

坦然接受支持
并寻求帮助，
不做自我评判。

能够在
你的舒适区
之外做事。

能够设定、
执行和表达
你的边界。

轻松表达
你的需求、感受
和意见。

在你的内心以及
你与他人的关系中
感到安全。

感觉对自己
和自己的反应
更有控制力。

当事情出错时
不要
自动责备
和羞辱自己。

管理你的情绪，
让它们引导你
走向自我提升。

拥有
更积极、冷静的
想法。

减少对你无法
改变的事情的关注，
将注意力更多地放在
你可以改变的
事情上。

更好地
处理失望
和挫折。

当你面对痛苦的情绪，或发现自己在重复无益的习惯或反复思考同样的消极想法时，问问自己，这意味着什么？

你需要做什么才能痊愈？在你完成这一章之前，需要在故事中加些什么？治愈是一个过程，也许会伴随我们一生。在困难时期，我们需要优先考虑关爱自己。要有耐心，**因为治愈在每天的每时每刻都在发生。**

乐观是生活的救生筏

你是否也有过对自己的想法感到无能为力的时刻？你是否想知道别人的头脑中是不是也充满了严厉的自我批评？

在我十几岁开始寻找心理健康之旅时，人们会不厌其烦地提醒我关于“积极的力量”，这让我很厌烦。我不喜欢总是被提醒要努力保持乐观，就好像在我的生活分崩离析时，这对我来说很容易做到似的。当早上醒来时，感觉像是又一场噩梦的开始，一切还有什么积极的意义呢？我觉得这不可能有帮助，因为我肯定会假装积极。

这种态度一直持续到我了解到更多关于神经科学和神经可塑性的知识（大脑改变和调整其功能和结构的能力），并发现我们的想法真的会变成现实。重复的消极思维模式一旦在我们的大脑中创造了常用路径，就会成为我们的信念，这些信念继而影响着我们对世界和自己的看法，以及我们的行为。在某种程度上，我们思想的质量会成为我们生活的质量。我陷入了消极思维的恶性循环中，而当我领悟了这种新发现时，就迫切地想要找到出路。

事实证明，我非常讨厌的积极性是“有毒的积极性”，这是一些人没能力处理你的负面情绪时给予你的虚假保证。有毒的积极性会迫使你将负面情绪搁置一旁，而真正的乐观主义会承认负面情绪的存在，但鼓励你去克服它们。

我喜欢把乐观想象成身体里的一块肌肉，它需要定期锻炼才能变得更强壮。有些积极的认可对我来说是虚伪的，因为我一生都在消极地否定自己。我的脑子里往复徘环着“不够好”“不值得”“我会失败”“坏事总是发生在我身上”。我的第一句积极肯定语很简单：“**一切都会好起来的。**”我一感到焦虑、尴尬或伤心就会重复它。我会在睡觉前大声对自己说，在早上迎接我的影子时说，在公交车上轻声咕哝着说。几个星期之后，这句话像咒语一样住在我的脑海里。然后，它听起来不再像一个谎言了，我开始相信它。我对自己建立了微小的信任，我能感觉到自己的心态发生了转变。我一直在寻找积极的真理来挑战消极的信念。那些消极的想法并没有消失，但与它们保持距离变得更容易了。**我告诉自己，消极的想法是毫无根据的自我批评，积极的想法是更善良的我在为自己加油。**

如果你从一开始就认为必须强迫自己转变心态，那么改变很难启动。当你第一次尝试肯定和积极地自我对话时，你可能会感到很傻或虚伪。当我开始这么做时，我一直在想：“如果我只是在自欺欺人，而且我知道自己在说谎，那么这些肯定又有什么意义呢？”这是开始时出现的第一个障碍，但这完全可以理解。建立信心不是一蹴而就的，它和每件事一样都有一个渐进的过程。你可以尝试从这个肯定表述开始，来缓解任何尴尬：“有一部分的我认为我不值得自信或善待自己，但我通过提醒自己的价值，来向自己展示我是值得的。”或者：“这让我感觉很愚蠢，但这只是因为我必须每天练习，而且对自己好一点也没什么愚蠢的！”

学会接受尴尬的感受是处理不舒服情绪的一部分；我们可以在不评判自己的情况下做一些或许会让自己觉得愚蠢的事情。

有毒的积极性	真正的乐观主义
消极对你没有帮助	让自己体会自己的感受很重要
只有积极面对才更好！	我爱你所有的情绪状态
你会克服的	我相信你能渡过难关，我是来帮忙的
其他人的情况更糟	你并不孤单
保持微笑，哭泣对你没有帮助	每个人都需要时不时地大哭一场。我可以给你一张纸巾或一个拥抱吗？
保持积极的态度	现在的确很难，你想谈谈，还是想做些轻松的事情？

培养成长型思维

“成长型思维”是由卡罗尔·德韦克提出的概念。一方面，拥有成长型思维的人相信，如果我们付出努力并培养自己，我们就能不断发展和提高我们的技能。

另一方面，拥有固定型思维的人认为，才华和技能是静态的，我们受限于挑战我们的事物。具有固定型思维的人不

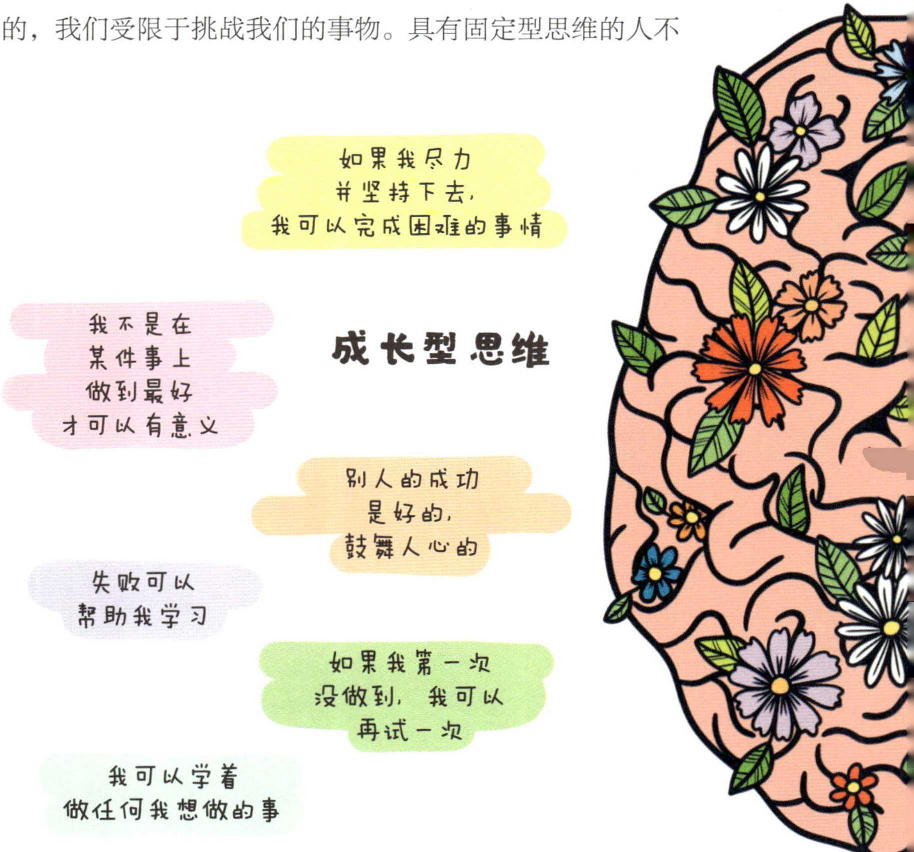

相信他们做困难的事情时会取得成功。这与失败的经历有关；由于控制感的缺失，我们越是确信自己无法摆脱目前的处境，就越有可能放弃尝试、挣扎。即使能够逃脱也不会尝试了，因为我们不再相信自己的能力了。

成长型思维可以帮助我们牢记，**失败并不能定义我们，它只是帮我们定位我们在自己独特的旅程中所处的位置，并鼓励我们坚持下去。**我们欢迎挑战，因为无论成功与否，我们都可以赞扬自己的努力，并再次尝试，而不会让失败对我们产生负面影响。

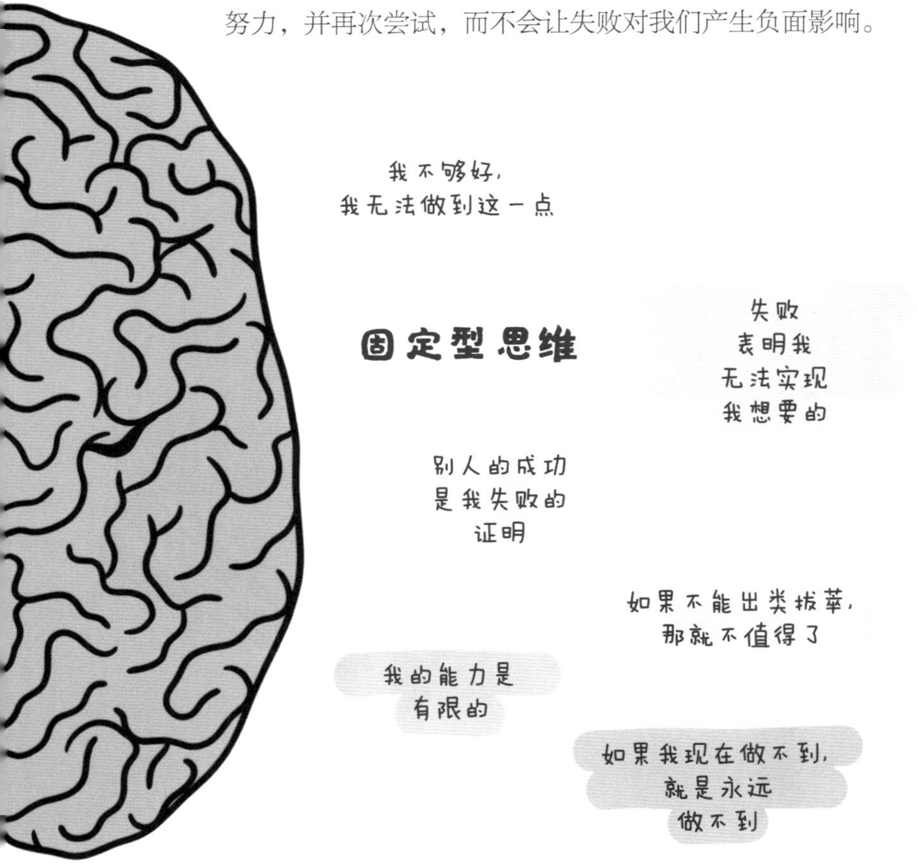

在孩童时期，我拥有着自然成长的心态：我充满好奇并且渴望尝试，不觉得有“成功”的压力。我通过游戏和创造性的尝试来学习，并从别人的才能中得到启发。但是随着我的成长，开始进入“现实世界”，我逐渐相信努力的回报只有成功。探索我的能力或尝试新事物并不有趣，如果我不能立即掌握某项技能，我就失败了，并且在我眼里，失败是不可接受和可耻的。所有这些都引发了我对自己的消极想法，形成了神经通路，直到我不相信自己有能力做任何事情。我开始自我肯定的一个大主题，是重新定义成功对我的意义，并尝试找回小时候那种自然成长的心态。

放下执念

当你开始挑战消极的想法时，你可能会发现它们源于消极的信念。

当我挑战这些消极的想法时，我不断地发现一些自己潜藏的信念。这些信念深深扎根于我的内心，对我的心理健康、我对社会的态度和期望，以及我对自己的期望都毫无帮助。作为一名年轻女性，我一直被这种信念提醒，要时刻意识到自己的不完美，要做到忘我、涵养、包容、礼貌。在现实的世界中，被赞美、崇拜和受欢迎的是那些成功的人，他们闪耀而富有魅力、毫不费力地才华横溢，他们的生活看上去轻松而充满机会。

小时候，我把生活理解为设定在固定时间轴上的有序的里程碑。你取得了好的成绩，一个合理的学位，一份体面的工作，你结婚了，还清了抵押贷款，有了孩子，也许还有一只金毛猎犬，然后你就万事大吉了。

我被教导说，为了获得幸福，我必须成为一个好孩子、一个好学生、一个好员工、一个对社会有贡献的人。

毕业时，我申请了为特需学生服务的工作。因为我在学校遇到障碍时没有得到帮助，所以我想帮助那些有类似问题的孩子。但无论我多么希望能继续留下来关心我的学生，我的心理健康水平都无法支撑繁重的工作。

所以，试想一下，如果一个健康状况和我一样的人，高中没毕业、不断地丢掉工作，并在抑郁症发作时都无法躲进淋浴间，那他又怎么会感觉好呢？不辜负社会期望，感觉就像追逐一个移动的目标，总是越追越远。

在我失去上一份工作后，我终于问自己：我做这一切是为了谁？因为这种追逐显然不能让我快乐。在这样一个广阔的世界中，可以有任何期望。其他人对你的期望是他们的问题，而不是你的问题。放弃定义什么是好人、什么是有价值的人，才是最终的解脱。

尽管我喜欢服务型工作并乐于助人，但这些环境并不适合我，我需要在帮助他人之前先帮助自己。我对绘画的热爱是终生的，我一直梦想成为一名职业画家，所以我决定全身心地投入到委托创作和临时性的插画工作中。不久之后，所有这些微薄的收入就变成了可以维持生计的薪水。虽然不如我以前的工资那么多，但足够生活。自己当老板，面对自由职业的不确定性有时让人不知所措，但为了我的健康，开辟自己的道路是必要的。

当我意识到我对认可和肯定的重视程度胜过重视真实的自我时，我感觉很不舒适，但没有什么比挑战这种信念更有益的了。**别人是否赞同我的决定并不重要，因为我不是为他们选择，而是为自己选择。**

对我们自以为已知的事情提出质疑也很重要，尤其是关于什么是好的或值得的信念。我们中的很多人都带着对自己无益的信念和想法奔波，这带走了我们的快乐。因此，我邀请你借此机会审视你对自己的信念和想法：它们是善良的还是苛刻的？

我们该改变的东西

让自己变得更得体以适应社交场合。

无视自己的边界取悦他人。

忽略我自己的声音或信念以避免冲突。

假装我很好而不去寻求帮助。

相信自我价值取决于我的收入水平。

不庆祝我的成就，因为它们“很小”。

有关美的社会标准和饮食文化心态。

转移对不安情绪的注意力，逃避处理它们。

寻求外部认可而无法建立自信。

“自由”宣言

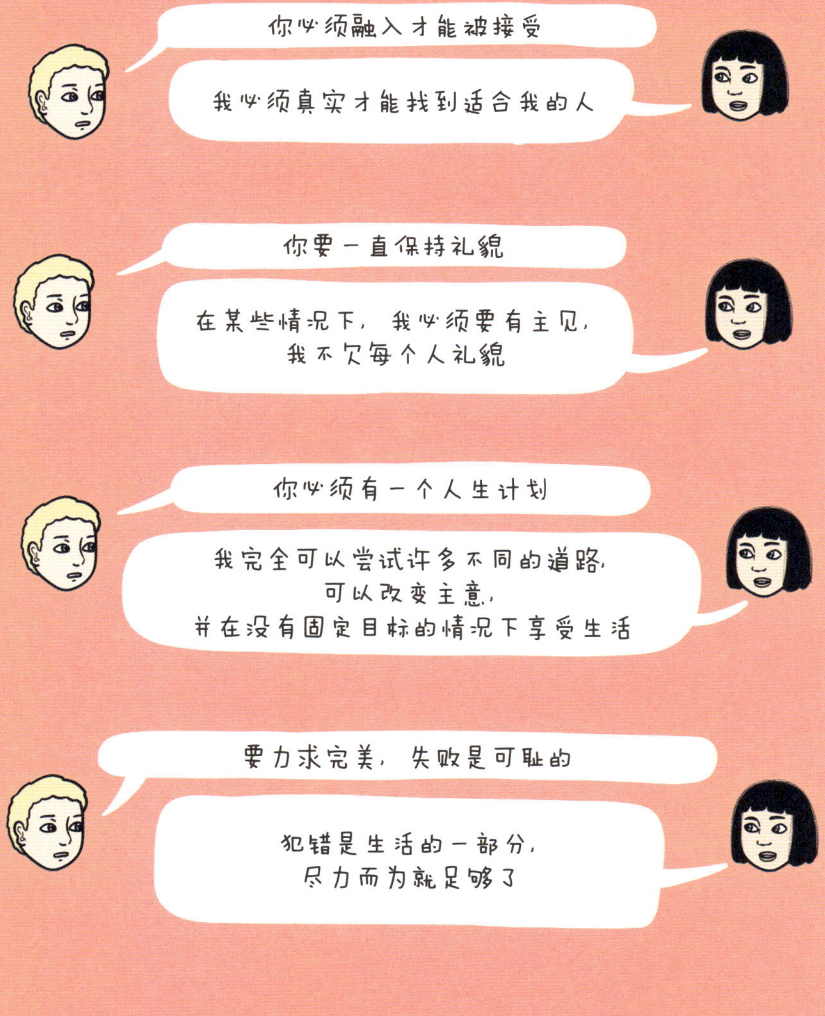
你必须融入才能被接受
我必须真实才能找到适合我的人
你要一直保持礼貌
在某些情况下，我必须要有主见，我不欠每个人礼貌
你必须有一个人生计划
我完全可以尝试许多不同的道路，可以改变主意，并在没有固定目标的情况下享受生活
要力求完美，失败是可耻的
犯错是生活的一部分，尽力而为就足够了

你的样貌有那么重要吗？

外在的样貌问题可能是一系列心理健康问题的催化剂。对我们外表的不满会严重打击到我们的自尊心；它是心理困扰和不健康行为的风险因素。

我的样貌问题像种子一样种在我的整个青春期——成年人当着我的面讨论节食和对自己身材的不满，同学们在学校更衣室里互相比较和评论。渐渐地，我注意到人们对身体的重视程度有多高。我们的身体样貌不是孤立形成的，我们也不是天生就有身体上的不安全感。这是我们每天从媒体和周围的态度中吸收的信息，而追求完美的压力让人无法逃避。

小时候，我以为自己长大后会摆脱笨拙的外表，像电影里看到的那样，成为一个完美的女人。但我不得不面对身体跟我开的玩笑，我没有长成自己期望的样子，相反，我长得比班上的女生都高，肩膀宽阔，梨形身材。我开始挑剔自己的一切，我的搜索历史变成了一长串令人绝望的询问，比如“如何让头发更浓密？”“如何摆脱臀部下垂？”“怎样才能使身材更丰满？”“正常的发育是什么样子的？”等等。我对相貌最大

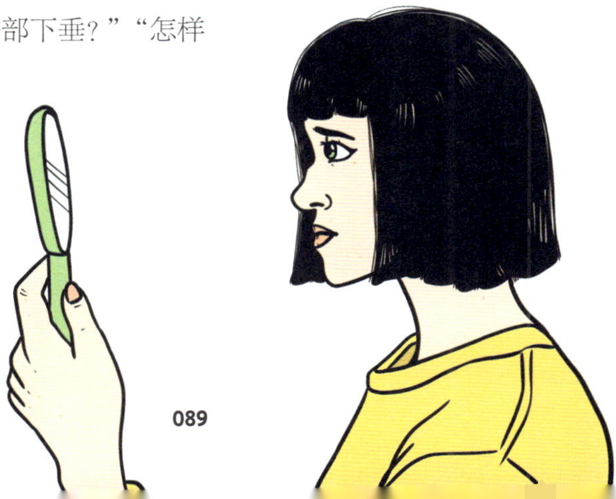

的不满在于我的鼻子。我的家人鼻梁处都有一个微微凸起，而我的是最突出的。我觉得它毁了我的容貌，它在我的脸的中央，无所遁形。我确信整形手术是改善我面部畸形的唯一选择。我会做白日梦，幻想着自己做了手术并炫耀“正常”的新鼻子。

大约在同一时期，身体积极性的观念在社交媒体上爆发。作为一种新的社会风尚，身体积极性的目的是促进对所有身体的接纳，并改变社会上对“不受欢迎”的美的评判标准。

这对我很有启发，我极度渴望与自己和平相处，决定加入其中。但无论我多么坚定地告诉自己我的鼻子本来就是美丽的，我都仍然感觉这是一个可笑的谎言。当我看到我的鼻子被当作整形手术网站上的“术前照片”时，它怎么可能是漂亮的？当我将自己的身材与屏幕或杂志上看到的身体进行比较时，让我爱自己的身材也是不现实的。

放弃了与自己和解的所有希望后，我偶然发现了“身体中立”这个词，它改变了我的生活。**身体中立并不是指无论如何我们都要爱自己的模样，而是把注意力从我们的外表上完全移开。它提醒我们，我们是多面的人，而外表不是我们最重要的东西。**这引起了我的共鸣，我想到了自己欣赏的人拥有的特质，比如他们的幽默、风趣、善良、健谈等，而不是他们的样貌。

我开始质疑为什么符合理想样貌对我来说如此重要，质疑美是如何成为我们社会中的一种货币形式，以及美丽的标准是多么的等级分明。我越深入地思考我所理解的外表吸引力，尤其是定义或划分女性的关于美的标准，我就越觉得它是不人道的。就好比，我拥有一副毛发粗重、有斑纹和疤痕、有一天会起皱和下垂的身体，就不能感觉良好了吗？为什么我必须抚平、去除或遮盖皮肤的自然纹理？

我开始故意打破一些常规，尽管在公共场合会收到别人怪异的眼神。我不再遮盖粉刺，并戴了金色鼻环，即使这样引起了人们的注意。我开始只对身体做想做的事情，这让我感到快乐：这些决定不是受理想化标准的影响，而是由我自己的心情决定的。出门买菜时我不再化妆了，我越来越习惯自己原生态的光秃秃的、不完美的脸。我运动是因为这样感觉很好，而不是为了健美或看起来更健康。

我的存在不是为了让人看得顺眼。**我最好把时间花在学习新事物上，致力于自身的发展和养成健康的习惯，而不是把醒着的每一刻都浪费在研究别人如何看待我这个问题上。**我不欠任何人一个完美直挺的鼻子，也不需要达到美丽的标准，因为它们无关紧要。我不想在年老回顾自己的人生时，后悔浪费了太多时间为自己的样貌发愁。

当我开始有意识地抛开对自己外表的执念时，就越发觉得我不需要变得美丽，我就越会欣赏自己的样子。从身体积极性开始接受自己的外表，感觉并没有太大的收效；而“身体中立”的理念，帮我更容易地迈出了第一步，让自己从拼命坚持的美丽标准中解脱出来。如果你决定不再

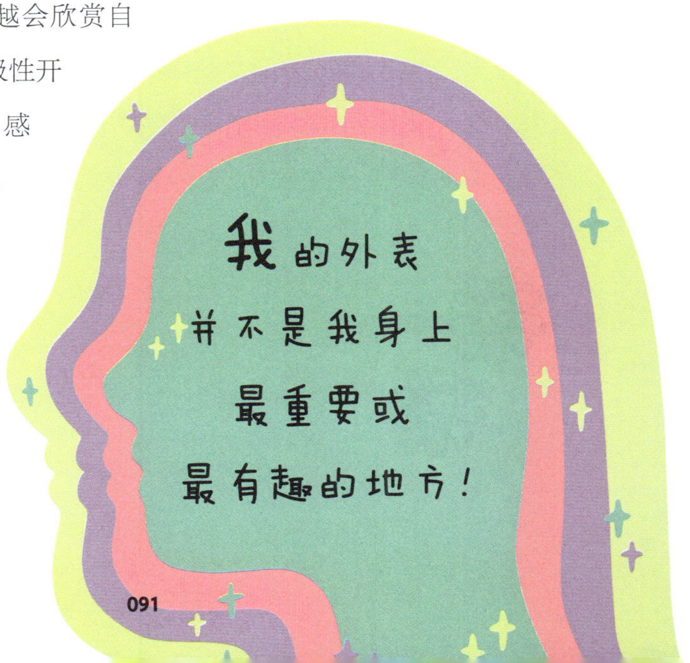

追随虚荣心的游戏，你就不会输，而我已经受够了。

如果你正在为自己的身材、相貌而烦躁不安，请一定要认识到，你可以改善对自己的感觉。想一下生活中你爱的人，如果你要写一份你为什么爱他们的清单，问问自己，长相是否在清单上？长相比他们给你的感觉、拥有的思想观念更重要吗？比你们的交谈、他们的幽默、同情心或善意更重要？一定不是，对吧？

你是否觉得别人的小缺点和瑕疵很可爱，而你自己的却不是？如果年轻的自己在听，你会说自己丑吗？你是否会告诉别人你对自己的看法，或是只有你自己的不完美才会让你烦恼？如果你开始像对待别人一样赞美自己，安慰自己，会发生什么？

外表缺陷的问题让人感觉无法摆脱，但我们确实是自己思想的建筑师。让我们的身体感觉更舒适的第一步是，当我们对自己的身体有负面想法时，将注意力转移到其他事情上。这可以帮助我们的大脑认识到，对我们身体的评价不应优先于其他一切。如果你发现自己错过了一些体验，过分关注缺陷以至于被它支配去生活，或者不断隐藏或检查你的缺陷，那么可能是时候联系你信任的人了。以健康的方式照顾你的身体，例如适当的营养和有趣、轻松的运动，练习正念，在你的所在地寻找互助群体，都有助于重建你与身体的关系。但是，如果你发现自己无法在不极端的情况下保持良好的饮食习惯和合理的锻炼，那么你应该告诉你信任的人，例如你的医生、老师、父母或朋友。

重新和自己做朋友

你是自己的社会支持系统中的一部分。作为你头脑中唯一的人，你在自己的支持系统中起着至关重要的作用。只有你知道你的思想中发生了什么，以及你自己每一刻的感受。你是自己的朋友吗？

在孩童时期，我是自己最好的朋友。我不介意和同学们一起玩，但如果我对游戏不感兴趣，我也会高兴地拒绝并走开，完全满足于自己的陪伴。随着年龄的增长，当我开始接触社会等级制度时，这一切都变了，我的心理健康问题开始显露出来。青少年时期非常残酷，不需要太多理由就能让我不安，这让我很容易成为目标。我进入学校时自尊心很强，离开时却一无所有。当别人不喜欢我时，我如何喜欢自己？我开始将自己视为敌人、自己生活的破坏者，我不断幻想着如何彻底改变，以便被所有人接受。一个人坐着不再感觉舒适，甚至令人窒息。独处的时间变成固定的自我批评时间，我会坐在那里挑剔自己的脸、身体和个性，从中寻找缺陷和需要修正的地方。

我确实收获了朋友，并且无条件地爱着他们。即使在他们离开或发生争吵时，我也爱他们。就像我在这世上就是为了爱他们一样。做一个朋友很容易，但是为自己保留一些这样的爱却很难，因为我没有找到这么做的理由。

我至今仍清楚地记得我开始重新把自己当作朋友的那一刻。那次，我的高中创意写作课在课后组织了一场诗歌朗诵会，欢迎任何学生上台表演。我的第一反应是惊恐，并有一连串的问题冒出："我永远做不到那样，我严重怯场，我会让自己难堪，我并不够好……”我的朋友突然转向我，说她不确定自己是否该参加表演。我不假思索地回答说：“你当然应该去，你的诗写得很好！我都知道你应该选哪一首。”

这让我想到，为什么支持她这么容易，而我自己却不行？我决定，我必须鼓起勇气，我也要去参加诗歌朗诵会。

朗诵会当晚，我站在咖啡馆的洗手间里颤抖着、害怕着，考虑放弃，想回家去。但是，我却做了一件我以前从未做过的事情，我看着自己眼中的倒影说：“你可以的。会没事儿的。”当轮到我上台时，看着同学们和他们的家人那一张张模糊的脸，心跳在耳边大声鼓噪。我开始朗诵，我的声音是房间里唯一的声音。然后……我成功了！房间里爆发出热烈的掌声，我被一种压倒性的自豪感征服。我感到不可思议的力量，然后意识到：想象一下，如果我接着鼓励自己，我还能做些什么？如果我支持并安慰自己呢？那天晚上，我承诺再次将自己视为朋友。**保留一些我慷慨地给予他人的爱，只为我自己。**

纠正消极的自我对话，尽量不要对自己说任何你不会对朋友说的话。

为自己的需求争取。

庆祝你的成就和成长，无论它们当下看起来多么微小。

如何成为自己的朋友

问问你自己，你的需求、愿望、恐惧是什么？

给自己赞美和表扬，也给自己安慰和同情。

保护你的能量和个人边界。

不要对自己寄予你不会对他人寄予的期望。

在困难的时候鼓励自己。

把你的健康放在首位。

对自己温柔一点，让自己从错误中吸取教训。

花时间独处并做你喜欢的事情。

专注于你自己喜欢或重视的事情。

你值得为自己努力

当你开始康复的旅程时，可能会感到士气低落，因为当我们敞开心扉去评估内心感受和处理外部压力时，越来越多的伤痛可能会突然出现。有时，让自己感觉更好的开始是宽容的，我们应该允许自己对那些被压抑或需要转移注意力的事情感到悲伤、受伤或愤怒。这感觉就像站在马拉松的起跑线上，看着前方漫长的道路，想着："我不知道我能不能做到，我不知道我是否足够强大，此刻，我感到不安。"但在慢慢变好的马拉松赛程中，不跑也没关系，小步走走、停下来坐一会儿，或和朋友手拉手一起走都没关系。第一次、第二次、第三次都没到达终点也没关系。**但当你每次尝试时，你可能会发现自己越走越远，因为你的身心不断地发展和适应，拥有了到达目的地所需要的肌肉和耐力。**

小小的成就不断加起来会产生显著的变化。我们不断地学习，每当克服掉一个自我破坏的习惯时，都能让我们在现实中感到更安心；每当我们挑战一个消极的想法时，就会提醒内心的批评者，不再欢迎他们来侵蚀我们的幸福；每当我们有意识地努力成为自己的朋友时，你都是在告诉自己我们应该得到爱和关怀。改变不会在一夜之间就发生。

无论你处于个人旅程的哪个阶段，呵护心理健康总是值得的。就像学习任何新技能一样，无论是好日子，还是坏日子，都需要每天练习。

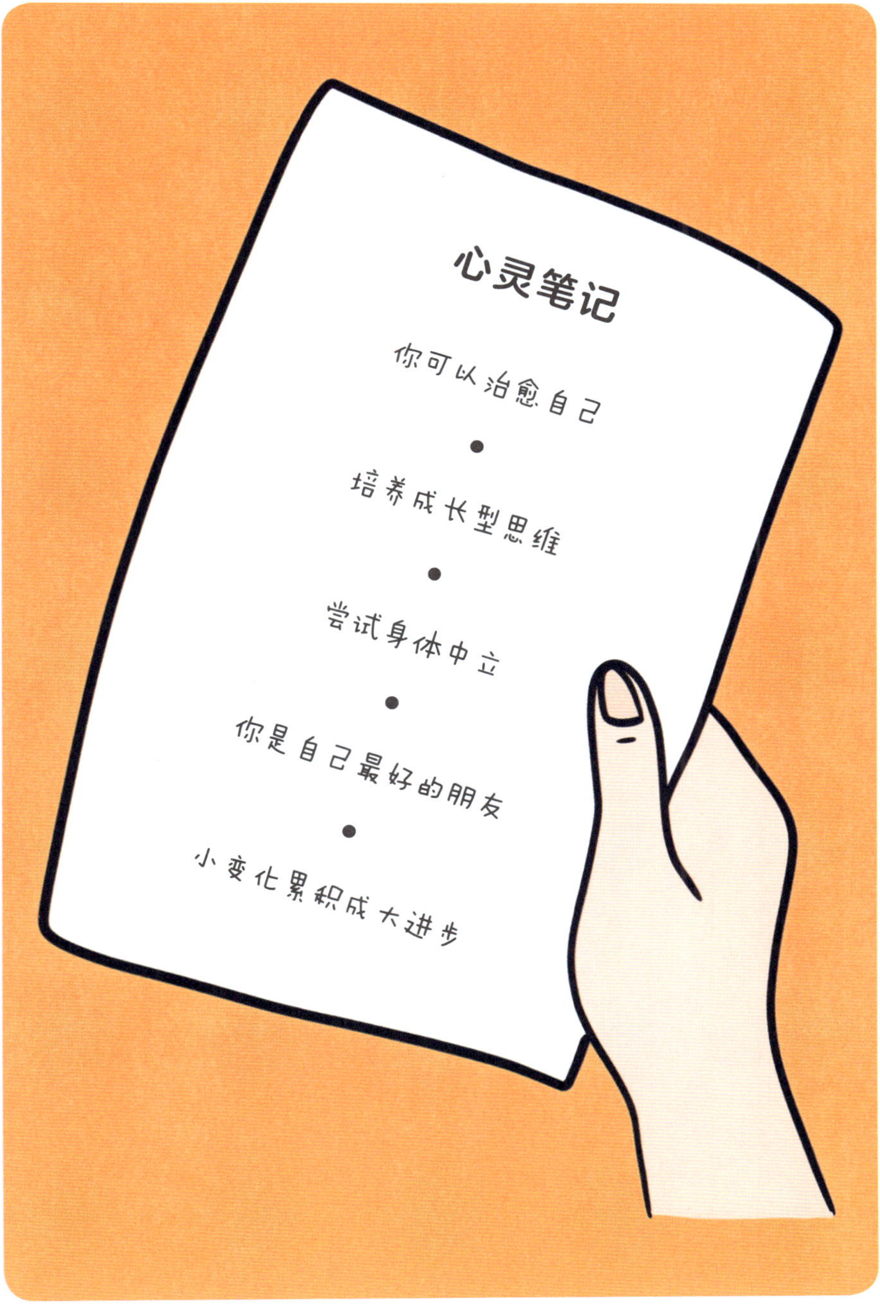
心灵笔记
你可以治愈自己
培养成长型思维
尝试身体中立
你是自己最好的朋友
小变化累积成大进步

CHAPTER 3 | 第三章

定制你的心理健康工具箱

YOUR MENTAL HEALTH TOOLKIT

RX

让自己感觉更好的工具

为了能记住所有让我感觉更好的方法，我在想象中构建了一个工具箱，然后把这些方法挨个儿放进去。我像一个木匠一样，会从工具箱里找到不同的工具来“修理”我的心情，根据不同的需要来自我肯定或做呼吸练习。这些工具帮助我很容易地就能开始自我照顾和应对困境。这个心理空间，充满了有用的提示和技巧，可以让我感到一切尽在掌握。由于不同的问题需要不同的解决方案，因此现在就开始想一下如何构建你自己的工具箱。我们可以从简单的事情开始，比如想想什么让你感到不对劲或不知所措，再思考一下哪些事情能安慰到你或给过你实质性的帮助。

在本章中，我会邀请你参观我的工具箱并亲自试用一些工具。尽可能使用你喜欢的，把不适合你的先放在一边。这些年来，我的工具箱发生过很大的变化。最开始的时候，我尝试过使用药物来使自己感觉更好。随着时间的推移，我逐渐摆脱了药物，但也许今后我还会有再次尝试药物治疗的一天。因为我们的康复过程通常是不稳定的，在这段时间内有用的工具可能会逐渐失效，反之亦然。所以，请给自己一些宽容和耐心，定期检查自己的工具箱，确认自己当下最需要的是什么。

自我怜悯第一课

自我批判的刻薄的声音是什么时候第一次出现在我脑海中的呢？或许它始于潜意识对一些负面信息的回应，比如身处社会不可避免会遭遇的所有消极态度，以及每一个我无法满足的期望或难以达

到的标准。慢慢地，所有这些都堆积起来，并固化为一个魔鬼般的自我，而它的唯一目的就是摧毁我们。“好吧，任何人都可以做到，这没什么特别的。”这令人沮丧的声音毁掉了我们所有的成就感。如果我在一项高难度的考试中取得了B的成绩，那个声音就会提醒我“你的朋友都得了A，你还是不够好”。如果我放纵自己沉迷于享乐，那个声音会责备我是多么“放纵”，多么缺乏自律。

很多年后我才知道这个声音有一个名字：内心的批评家。**当我走上我的康复之旅时，我明白了如果我想变得更好，那个声音就必须消失。我需要更响亮、更友善的东西来对抗来自我内心的无情批评。**

到2016年，我已经接受了好几年治疗，但感觉我的治愈过程好像停滞了，我没有按以往的步调取得进展。我当时的治疗师邀请我参加一个团体治疗，主题为“自我怜悯”。这个词对我来说很陌生，但我喜欢参加团体活动，所以就去了。当时我并没有意识到它会改变我的生活。我想如果我的工具包中没有“自我怜悯”这个“最佳工具”，我就没有办法让内心的批评家沉默，我也无法让自己的康复之旅更进一步。

第一次团体活动从解释“自我怜悯”的含义开始。

自我怜悯是这样的

善待自己　　保持正念

接受普通

怜悯是注意到他人的苦难或痛苦，并温暖地回应它的过程。自我怜悯意味着我们对自己的痛苦、失败或感知到的缺陷做出积极的回应，就像我们给予他人的温柔和关怀一样。如何做到这一点，心理学家克里斯汀·内夫博士给出三条建议：善待自己（善良地对待自己）、保持正念（对我们的思想和感受采取开放、非评判的态度）和接受普通（让自己像别人一样成为一个不完美的人）。

这听起来很容易，但实际做起来比我想象的要难得多。我们做了一个联合引导冥想，在满是陌生人的房间里闭上眼睛，感觉不是很舒服。他们让我们从篮子里拿出一个手镯并戴上它，每产生一个消极想法，就把手镯从一只手腕摘下换到另一只上。这会加深我们对自己所说的话的意识，我们也可以注意到我们何时以怜悯之心对待自己，何时没有。起初我经常移动我的手镯，太过频繁以至于我朋友问我是不是在祈祷之类的。

这个活动让我意识到两件关乎自身的重要的事情：**第一，我对犯错或失败的第一反应总是自我批评与审判；第二，我会做任何事情来**

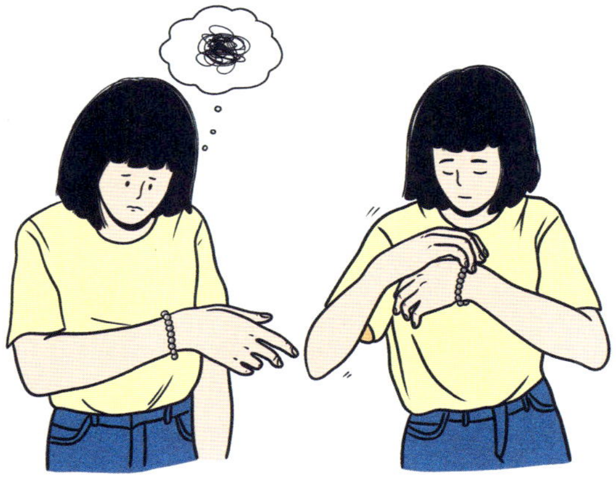

逃避承认我的痛苦，因为承认了我就不得不面对，而我不知道该如何应对。相反，当一个消极的念头出现时，我会把它推开，只为了让另一个想法更快到来。

在某种程度上，这个廉价的塑料手镯成了我痛苦的象征。它帮助我看清了我消极的念头，它们是消极的，并不是真实的。它让我意识到是哪些情况引发了这些念头。它引导我尝试用一些更友善的想法来取代消极的念头。为了不让这些念头摧毁我，我的思维过程是这样的："哦，这是个消极的念头。这是从哪里来的，我怎样才能改变它？"

我将自我怜悯视为内心批评家的对手。**我把自我怜悯看作一个朋友、我最大的啦啦队长，也是一盏明灯，发自内在，也终究会照亮我心。**我开始质疑内心的批评家所说的一切，并用更友善的真相取代所有刻薄的想法。

人在苦难中很容易感到孤立无援。人类的大脑很擅长让我们感

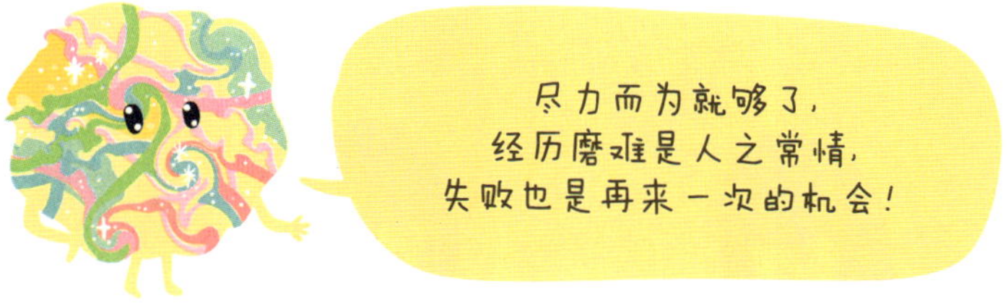

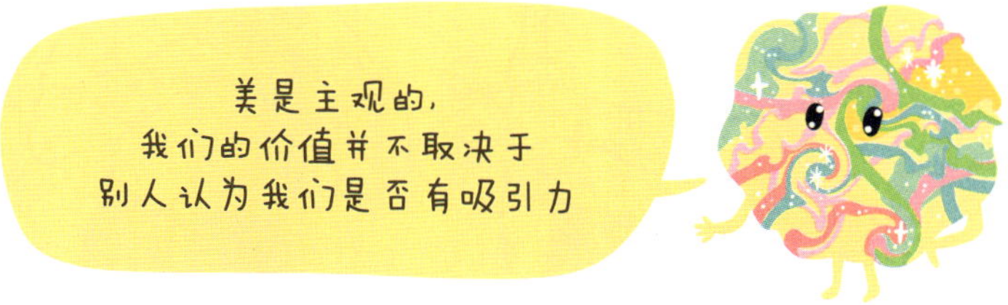

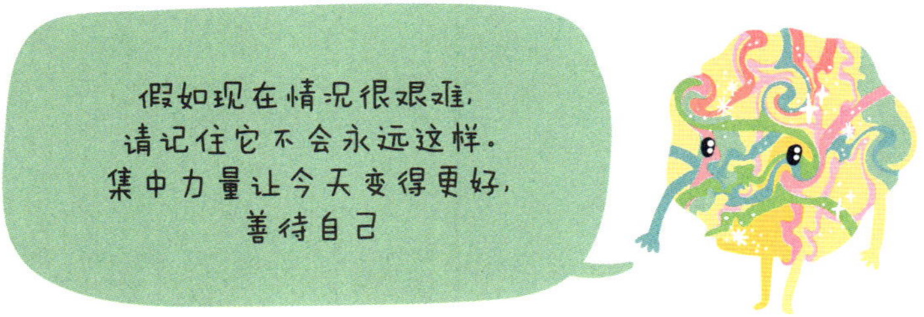

到自己在错误和不安中踽踽独行，就好像没人能真正理解我们似的。但是自我怜悯告诉我们，我们所经历的痛苦和缺失是人生经历的一部分。这就是自我怜悯与自暴自弃的区别。在自我怜悯中，我们明白我们并不是唯一感到痛苦的人，而自暴自弃会让我们觉得痛苦和不幸是专门针对自己的。自我怜悯让我们正确看待消极想法和感受，而不会让它们吞噬我们。我曾经想过："为什么这样的事会发生在我身上？为什么我必须要经历这些？"但现在我知道，它可能会发生在每个人身上；我身上没有任何特别的需要修补的地方。**我的痛苦不是独一无二的，这让我感受到了巨大的安慰。**

如果我们允许自己变得脆弱，痛苦会找上门来。我的痛苦并不是来源于追求虚幻幸福的失败感，而是我性情的重要组成部分。这并不是说我们应该接受痛苦和悲伤，重要的是不要以这些感受去评判自己，无论你已经习惯于相信什么，陷于痛苦都不意味着你失败了。

有时我们会因为感觉糟糕而羞愧，我们在内心责备而不是安慰自己。当我们开始以温柔和同理心看待内心的痛苦时，我们就会发生积极的改变，也会改善我们看待自己的方式。自我怜悯可以提醒你，**你应该得到你给予别人的同等的善意，因为你和其他人一样值得。**

练习自我怜悯可以像这样

识别内心批评家的声音，但不要陷入消极的反思。尝试用鼓励取代消极的想法。

选择一种方法，尝试引导性冥想。

接受你现在的处境，并对自己保持耐心。进步需要时间，而自我怜悯是一种你可以培养并受益一生的技能。

在练习的过程中记录你的感受，切记要安慰而不是苛求自己，不要因为自身的情绪或想法去评判自己。

给自己做普通人的空间——我们都会犯错，也都要继续。允许自己感受事物，而不是给自己贴上愚蠢、错误、懒惰、低效等标签。

把痛苦的时刻看成生活的一部分，一个会成为过去的时刻。然后问问自己想要听到什么，并且要对自己这么说。

对待自己就像对待悲伤的孩子或朋友一样。你会批评或责备他们，还是会安慰、关心他们呢？

找到一种喜欢的姿势来舒缓你的感受，例如将一只手放在你的胸口，或者用双手轻轻地抱着你的胳膊。（通过这样的方式调动你的副交感神经系统。）

允许自己表达并满足自我需求！每个人都有需要充电的时候。

真正的自我照顾指南

优先考虑照顾好自己是我在康复之旅中的基本原则。我承认，我曾经对此不屑一顾，因为我不喜欢洗澡，也不喜欢精心设计的护肤程序。我曾在社交媒体上看到的自我照顾似乎集中在放纵自我和大量购物这些方式上。后来我意识到自我照顾与那些无关。

任何能滋养你灵魂的行为都是自我照顾；任何能帮助你超越自己的做法都是自我照顾；你为保持健康和应对压力所做的一切都是自我照顾。它不仅仅是一些固定的流程和方法（尽管这些也很重要！），

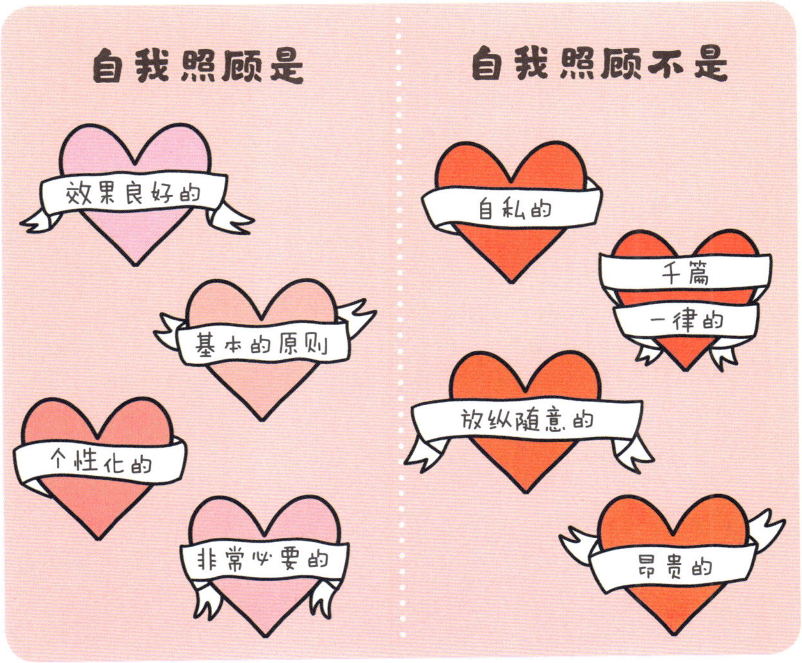

相反，有许多类型的自我照顾活动，就同我们每个人一样可以非常个性化。对你来说，自我照顾可能是花费宝贵时间独自做一些有创意的事情，为下一周准备饭菜，限制你沉迷于社交媒体的时间，或者与你所爱的人一起规划一些事情。

自我照顾有很多好处。对自己做积极的事可以帮助我们提升自信。它帮助我们远离压力、舒缓情绪，督促我们找时间放松自己，也可以改善我们的整体健康，增强我们的幸福感，并提醒我们健康很重要。

由于自我照顾是个性化的，制订适合你个人需求的计划才会更有效果。评估你目前的生活习惯，并列出你多年来养成的积极或消极的应对方法。也许你已经掌握了日常生活中的自我照顾，但却一直忽视了情绪上的自我照顾。试着问问你自己：

- 我在什么情况下会特别有满足感？
- 当我难过的时候，什么能让我振作起来？
- 在紧张的一天结束前，什么能帮助我冷静下来？
- 当我觉得精疲力竭时，什么能让我恢复活力？

这些问题应该可以帮你了解什么对你有帮助，以及你可能需要做的事情，一旦找到突破口，你就可以选择一些简单的方式来改善日常生活中的情绪。不是每个人都有大量空闲时间，而且自我照顾活动可能并不那么容易，所以我建议你从小事做起。从在早上或晚上增加一项快速活动开始。也可以灵活改变自我照顾的优先顺序，定期思考并问问自己，现在最迫切的需求是什么。这将有助于引导你在准确的时间做最有效的自我照顾活动。

自我照顾的方式

社交自我照顾

帮助我们培养人际关系和维持社会纽带的活动

- 与朋友保持联系
- 给你关心的人打电话或发短信
- 参与你所在社区的社交活动
- 表达你的欲望、需求和界限
- 加入在线互助小组
- 建立支持系统

情绪自我照顾

滋养我们思想和情绪的活动，可以在我们与更大的世界之间建立联系

- 在你的社区做志愿者
- 去你向往的地方或给你安全感的场所
- 通过正念步行融入自然
- 尝试瑜伽或做一些伸展运动
- 冥想
- 花一些时间自我反省

心理上的照顾

启发我们的智力，刺激我们思想的活动

听一个有趣的播客

参观你所在城市的文化景点

学习一些新的技能

做一些填字游戏、拼图、数独等

读一本书

玩棋盘游戏或电子游戏

情感上的照顾

通过识别、处理和培养我们的感知来照顾我们的情感需求

去看医生或与人交流你的感受

当你感到不知所措时练习正念

尝试引导冥想

记录生活

创作艺术品

懂得经常感恩

实用型自我照顾

完成必要的有助于减压的日常任务，可以让我们过得更轻松

- 做家务，如洗衣、洗碗、清洁等
- 合理安排时间和做计划
- 整理物品
- 为下一周设定切合实际的目标
- 做美食
- 做预算

身体的自我照顾

可以保持及促进我们的身体健康的活动

- 尝试养成健康的睡眠习惯
- 关注自己的性健康
- 做让自己感觉舒适的运动
- 按时刷牙、洗手和洗澡
- 多喝水并补充足够的营养
- 关注自己的身体所需

建立自我照顾常规流程

从小事做起，尝试在你的日常生活中做一些简单的自我照顾任务，在这些最初的行动开始成为习惯后，逐步增加更多活动。在不断尝试中挑选适合你的活动，舍弃那些对你的生活无效的活动！

早晨

- 做一些简单的拉伸
- 喝一大杯水
- 做5分钟引导冥想
- 给你爱的人发短信说“早上好！”
- 想想值得你感恩的3件事
- 品尝一顿丰盛的早餐
- 设定一个“当日目标”

下午

肯定自己
今天做的某件事

听你最喜欢的歌

感受一下自己的状态，
按下暂停键并反思一下

吃点让你
感到快乐的零食

深呼吸

随手做一件善事

整理物品10分钟

晚上

为明天做准备

放下你的手机

查阅一些
积极的新闻

换上你最舒适的衣服

与你关心的人聊聊天

写点东西清空大脑

睡觉前花点时间
放松一下

构建边界

边界是我们自己和其他人之间划定的界限。边界象征着我们的自主权，我们的个人底线。在与他人建立关系时，有边界才能让我们双方互相尊重，让关系健康发展，这对于更好地改善心理健康状况至关重要。

直到现在我都不太擅长构建边界。小时候我朋友很少，那时我觉得我得随时顺从并且对他们有用才行，否则就可能会失去他们。我经常把自己的需求放在最后，常常违心地跟随别人，对本不感兴趣的事情说“好”。后来我意识到缺乏边界让我很容易对他人感到不满——这些人并没有真正做错什么，他们只是无法读懂我的心思。

我曾经的一个朋友帮助我认识到了边界的重要性。他很早就注意到我没什么边界意识，而且倾向于取悦他人。他用一些小事来提醒我有选择的权利，比如问我什么时候有时间见他，问我的喜好。他自己有清晰的边界，并通过对这些边界的反应，以互相尊重和理解的方式提醒我这些。跟这样给我自主权和个人空间的人亲近，也有助于我设定与其他人的边界。设定边界可以从一些小事做起，比如“我现在必须挂断电话，稍后再谈。”或者“我真的不喜欢那家餐馆，我们可以去别的地方吗？”其他人对我设定边界的反应，可以帮我初步判断一段关系是否可以继续。**如果有人不尊重我的边界，我就会与他们保持距离。很快我周围就只剩下让我有安全感的人，并且我们的关系很牢固。**

创建和维护边界

想想你的基本人权是什么。它可以是这样的……

决定什么时间做什么事的权利

被尊重对待的权利

说“不”的权利，并且不会因此感到难受

问问自己你的价值观是什么，是什么让你不舒服，是什么让你感到不被尊重？

想想你用你的边界达成什么目的，以及如果有人无视它们，如何做出最好的回应？

听从你的直觉，真正调整你的感受

直接、自信地与他人沟通

为任何违反你边界的行为设定适当的后果，并让别人知道这些后果

从小事开始，随着你们关系的发展建立边界

确保你的边界不会太苛刻，避免拒他人于千里之外

请记住，边界可以随时间而改变，以及你可以与不同的人确立不同的边界

坚守自己的边界，练习说“不”并勇敢说出你的想法

我的边界

当我感到不适时会试着与人沟通。

我不会对拒绝别人有负疚感，我不会强迫自己做感到不舒服的事。

我不会牺牲自己的情感需求。

我会为我自己挺身而出，自信地表达自己的观点。

我不会为超出我能力范围的事情承担过多的责任。

当有必要时，我会坚定、坦率地沟通。

我不会把他人的看法凌驾于自己的快乐之上。

我会把自己的身心健康放在首位。

我会远离那些让我感到渺小和不足的人。

要知道如何构建边界并不容易。也许你不确定如何表达自己的要求和边界。也许你从小就默许了自主权不被尊重，或者你的声音没有被倾听。学着构建边界的第一步需要你问问自己，什么让你感到安全和被倾听，弄明白之后就要坚定地执行。一开始这可能需要很大的勇气，但你每一次的坚持都会帮助你建立自信和自尊。

维护边界可以这样表达

- 聊起这件事让我感觉不舒服，请不要再问我了
- 我对这个不感兴趣，我们换个话题吧
- 只是想让你知道，我今晚必须早点离开
- 我不喜欢别人对我大喊大叫，如果你不停下来，我们没法继续对话
- 我不喜欢这样的接触，所以请立刻停止
- 我虽然想帮忙，但现在确实没时间，我们可以换个时间做这些吗？
- 不敲门就不要进入我的房间
- 我的车明天不能借给你，因为我要开车去赴约
- 我今晚还有事，我们得早去早回
- 请不要跟我开这样的玩笑，这让我感到很不舒服

如何管理消极的想法

15岁那年，我患上了社交焦虑症。在那之前我从没害羞过，但进入一所全新的学校学习、生活，让我完全丧失了安全感。我越发感觉到，给人留下良好的第一印象太难了。当时我还在与重度的广泛性焦虑症作斗争，病症叠加让我的情况雪上加霜。但我的第一次治疗忽略了社交焦虑症，因为它被广泛性焦虑症的状态掩盖了。我逃避一切害怕的东西，但越是逃避，这一切似乎就越可怕，因此我陷入了困境。

情况最糟糕的时候，我整整一年时间都没有产生过积极的念头。我对一切都感到绝望，看世界的角度全是消极负面的。社交焦虑助长了消极的念头和恐惧感，而大脑因为我的消极反应奖励我。只要我避开害怕的东西，大脑中负责社交焦虑的部分就会感到安全和满足。

我喜欢把大脑想象成拥有数百万条小径的大森林。每条路径都

象征着一种想法，当这些路径同时运行时，它们时而各自延伸，时而交汇到一起，就像我们的想法相互连接和支撑，继而形成固定的思维模式。当我们接触到新事物时，大脑会形成一条以前没有的新路径。我们对一个具体的想法思考得越多，这条路就会变得越稳固和顺畅。于是，我们会下意识地选择一次又一次地顺着那条路行走。与此同时，我们舍弃的思想路径则会变得杂草丛生，无法行走，直到就像它们未曾存在过一样。

如果我们反复琢磨一个消极的想法，它就会成为一条貌似真实、可信的主干道。就像我们在第二章了解到的，我们的思维会形成习惯和信念，继而影响我们看待自己和世界的方式，无论好坏。

当我陷入社交焦虑症时，消极的想法推翻了之前所有积极的想法。我的思想森林从一个广阔而美丽的保护区，变成了一个喧闹混乱、垃圾成堆、水泥横流的消极的建筑工地——能否将它恢复到从前的样子，关键取决于我自己。

在自我怜悯的课程上，我了解到负性自动思维（缩写为ANTs），以及社交焦虑和这种消极思维模式之间的联系。

当面对消极思维时，最好的选择是向它们发起挑战。我们的

挑战一个消极想法
我高估了危险吗？
我在灾难化吗？
我陷入思维陷阱了吗？
这是一种可能性，还是一种确定性？
这是真实的麻烦，还是想象中的恐怖？
如果朋友有这种担忧，我会告诉对方什么？
如果我把这种担心告诉朋友，他们会怎么说？

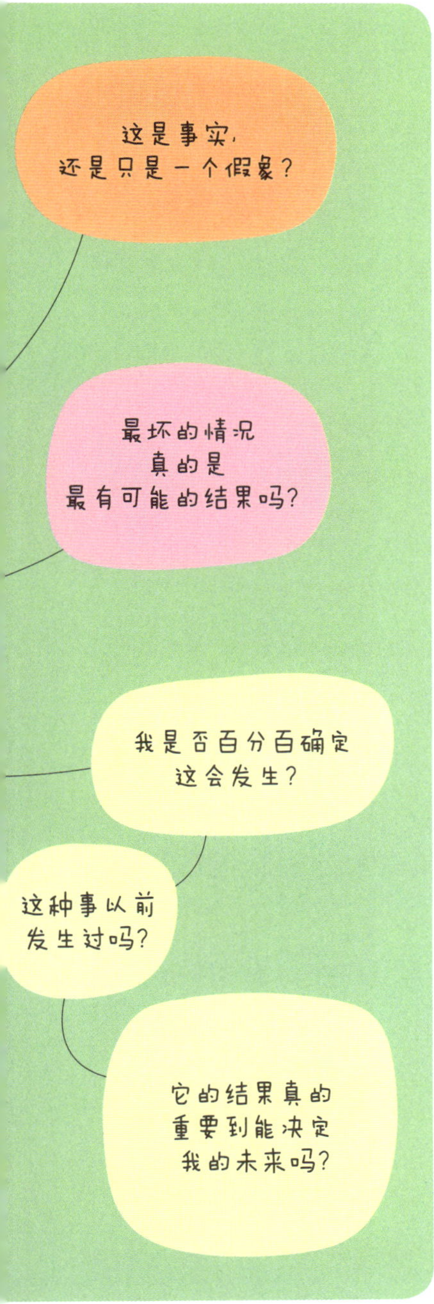

目标是温和地提醒自己，消极的想法往往不能准确反映现实，它们绝大部分反映的只是我们看待自己的方式。

那么，该采用哪些方法来挑战消极想法呢？我们可以用积极赋能思维（PETs）代替负性自动思维（ANTs）。我鼓励你试一试这个简单的练习，先写下自己的消极想法，然后找到积极的想法来取代它们。

• 准备笔和纸；找一个可以安静思考的地方；在纸上划分出两列。

• 花点时间让思绪平静下来；慢慢地吸气和呼气。

• 问问自己，我告诉了自己什么消极的事情？把它们写在第一栏，此时不用担心错别字或语病。

• 依次审视每个想法并认真地问问自己，我怎样才能挑战它并将其转变为积极的想法？把积极的想法写在旁边一栏。

当你下一次陷入消极的思想旋涡时，你可以回顾一下之前列出的积极的、充满力量的想法。

应对策略

我们每个人都需要一些方法来应对困境。我喜欢将“应对策略”定义为能够调整和减轻压力的方法，它们能帮助我们容忍消极或痛苦的情绪。它们可能是有意识的或无意识的，但并不是所有的应对策略都能有效地解决问题。

在我了解到健康的应对策略之前，曾经试图用各种无效的方式解决问题。当我焦虑时，我会回避让我担忧的事情。当我因为现实困境感到受伤时，我会通过限制饮食来重新获得对身体的掌控感。当我感到痛苦时，我又试图用烟、酒麻痹自己，以此减轻痛苦。

很久以后我才意识到，那些做法只是让我暂时感觉好一些，但并没有从根本上解决我的问题，这些行为都不是有效的应对策略。有时，我们因为拥有太多的选择，反而难以辨明到底怎样才能带来真正的治愈；有时，我们虽然积极努力地寻求治愈，但越来越多内心深处的伤口却被揭开。当内在情绪上的痛苦让我们措手不及时，健康的应对策略就可以派上用场了。

应对策略有数百种，大体可以分为两类：针对问题的应对策略和针对情绪的应对策略。一些消极情绪可以用针对问题的应对策略来控制或缓解，比如在面对一项你不喜欢的社会活动时，你可以一开始就说“不”，而不必牺牲自己的时间和精力去说“是”来讨好他人。针对情绪的应对策略有助于缓解那些我们无法控制的情况（比如失去某人、某物或生病）所带来的焦虑和压力。我们可以尝试做调节练习，

或通过写日记来思考和调节自身的感受。

这些方法也可以一起使用。比如你要应付一个令人焦虑的工作面试，针对问题的应对策略是提前了解这家公司并准备好常规面试问题的答案，让自己感觉胸有成竹；而针对情绪的应对策略是在面试前想一些自我肯定的鼓励之词，并说给自己听，从而让自己感觉更加自信。

我喜欢这些应对策略的一个原因是，它们可以根据你的个人需求量身定制。我深深地相信，我所面对的每个问题都会有相应的解决方法。所以，下一次你感到悲伤、有压力或生气时，请给自己一点时间来尝试一种新的应对策略。

一些应对策略比如着陆技术[①]（grounding technique）可以帮你有

① 着陆技术：是指当我们处于紧张、恐慌和情绪失控的状态时，可以通过身体部位与身边的事物相触碰、接触的方式，使我们的情绪尽快平静下来的一种心理稳定技术。——译者注

有效的应对策略

- 创作型的活动，如写作、绘画或摄影
- 唱歌、跳舞、演奏乐器
- 奖励或宠爱自己
- 想哭就哭出来
- 尝一尝你一直想吃的东西
- 记录你的日常
- 与人交流你的想法
- 让自己放松
- 读一本书、看一部电影或电视剧
- 养一只宠物
- 听喜欢的音乐
- 照料植物或花园
- 想象一个平静、快乐和安全的地方
- 健身或运动
- 给你信任的人打电话
- 找出3件让你喜欢自己的事
- 看一些让你发笑的东西
- 烹饪美食
- 试试瑜伽呼吸练习

效控制情绪。着陆技术是当你被困在思绪中时，使意识重新恢复到可控状态的方法。当你经受强烈的情绪或创伤记忆的冲击时，它们可以将你解脱出来，把你带回到当下。

在我的创伤后应激障碍和恐慌障碍发作的高峰期，我经常神思恍惚，我的手脚会完全麻木，有时我觉得自己的身体不属于自己，就好像我在自己的身体里是一个“不速之客”。隔离伤痛记忆，是大脑保护我们免受痛苦的本能，但我们一旦停止了面对伤痛，也就失去了获得治愈的机会。所以，对于我来说，学习如何“回归现实”是我提高情绪掌控力的关键一环。

着陆技术是将我们的意识带回到当下的一种方法。就像将你的主观意识从思绪乱飘的脑海中带出来，重新连接到你的身体。

对于某些人来说，着陆技术本质上是精神层面的，但它确实具有医学和生物学基础。当我们感受到

制订自己的日程安排

在大自然中散步

整理衣橱并捐出你不用的东西

完成你一直拖延的事情

环抱自己，给自己一个长久的拥抱

告诉自己一些积极正面的事情

尝试正念练习

做拼图、数独或尝试编织或手工艺

着陆技术的具体方法

分类思考。选择诸如“动物”或“颜色名称”之类的主题，尽可能多地列出一些相关事物。

说出5种你能看到的东西，4种你能感觉到的东西，3种你能听到的东西，两种你能闻到的东西和一种你能尝到的东西。

将冰块放入口中，感受它在舌头上融化。

从一数到一百。

将双手握成拳头，保持几秒钟，然后放松，重复10次。

将你的手放在流水下，冷热交替地调节水温，感受不同的知觉。

选择一种颜色，然后说出你周围所有这种颜色的物体。

在脑海中想象一个物体，并尝试用手指在空中“画”它。

缓慢深呼吸10次，用鼻子吸气，用嘴巴呼气。

默念一些你熟记于心的语句，比如一首歌或一首诗。

慢慢咀嚼食物，用心品味每一口。

压力时，交感神经系统会激活我们的逃跑、战斗或冷静等自我保护意识，让我们做好面对危险或躲避伤害的准备。身体会产生皮质醇等压力激素，让我们感到焦虑和恐惧，或者产生肾上腺素让心跳加速。着陆技术帮助我们激活体内的副交感神经系统，即“休息和消化”系统，这可以让我们的身体回归平静和放松。有一个简单的方法，你可以试一试：当下次感到有压力时，你可以试着调整呼吸节奏，延长一倍的呼气时间——吸气，呼气，呼气……这会暗示身体我们很安全，可以冷静下来了。

自我安抚也是一种和着陆技术相似的应对策略，它会让我们在不知所措时感觉好一些。哭泣是一种完美的安抚方式，它是人体自我安抚的有效方式之一，是我们与生俱来的本能。婴儿时期，我们会获得各种形式的安抚。现在，作为一个成年人，我用类似的方法来安慰自己。就像婴儿被裹在襁褓里，我则会用被子和毯子将自己裹起来。当心情焦躁难以入睡时，我会听舒缓的音乐或引导冥想。我闭着眼睛轻轻摇晃自己的身体，双脚放在地上，专注于自己的呼吸。当我需要安抚时，我会问我内心的孩子：我能做些什么才能给你安全感?

如果你想将这些应对策略都添加到你的自我照顾工具箱中，那你就需要花点时间想想你可以自我安抚的方法，以及你想尝试哪些类型的应对技巧。你可以回想一下那些充满安全感或得到安抚的时刻，找到那个让你恢复平静的关键事物。写下一些压力事件，然后在它们旁边列举你已经掌握的应对方法或训练。还可以在每天晚上留一点时间，养成自我安抚的习惯：在睡前花点时间让自己平静下来，能帮你更轻松地处理当天的情绪，并在准备入睡时感到更加放松。

呼吸和正念

我必须承认，第一次被人建议尝试呼吸练习来缓解焦虑时，我感到有点被冒犯，回应得也有一些尖刻："我当然知道如何呼吸，否则我早就死了。"我不相信呼吸这么简单的事能让我感觉更好。

直到多年后，当我几乎快要度过疾病缠身的青春期时，在一次非常严重的惊恐发作之后，我终于信服了——我尝试了一种叫作"箱式呼吸"的呼吸训练。令我惊讶的是，惊恐发作症状得到抑制的时效比以往任何时候都更快。这是因为当我们做呼吸练习时，我们激活了身体的副交感神经系统。从那时起，我开始研究呼吸法背后的科学原理，现在它成了我最可靠的应对策略之一。呼吸法是我试过的最简单、最易操作、最快奏效的能帮助我平静下来的方法，而且它可以随时随地进行。

正念是另一种改变我生活的工具。在自我怜悯的课程中了解到正念后，我开始积极地练习正念。正念是一种让自身意识回到当下的练习，帮助我们避免被情绪淹没或陷入被动反应。它帮我们时刻将注意力平和地放在自己身体的知觉、思想和感受上。当我感到情绪低落时，正念就像帮我更换了内置电池，使我恢复能量。正念有很多益处：提升整体健康水平、增强处理负面情绪的能力、减轻压力等等。我认为每个人都可以将正念融入到日常生活中，并从中受益。开始简单的正念练习，可以先试试在有指导的冥想中入睡。

我经常跟随专业的冥想视频进行练习，这有助于让我忙碌的大脑安静下来，并让我在入睡时感到安宁。练习呼吸和正念的方法有很多种，我最喜欢的练习之一是箱式呼吸。

箱式呼吸的方法

安静地坐着，注意你自然呼吸的节奏，不要改变它。
然后，有意识地慢慢吸气，数到4：
（吸进）1、2、3、4。
这样做时不要改变你自然呼气的节奏。
像这样呼吸几次后，吸气数到4，呼气数到4：
（吸进）1、2、3、4；（呼出）1、2、3、4。
像这样呼吸几次后，当吸气数到4时，
在最高点停顿并数到4：
（吸进）1、2、3、4；（暂停）1、2、3、4；
（呼出）1、2、3、4。
像这样呼吸几次后，呼气后停顿并数到4：
(吸进)1,2,3,4；(停顿)1,2,3,4；
(呼出)1,2,3,4；(暂停)1,2,3,4；
(吸进)1,2,3,4……并重复进行。
这就是箱式呼吸。
再做几次箱式呼吸，
然后逐渐恢复正常呼吸。
在准备好回到现实之前，
通过活动你的脚趾和手指轻轻唤醒你的身体。

表达真实的自己

用文字表达自身感受的力量是巨大的。我们通常可以把问题用文字总结下来，之后就可以开始着手解决它了。

写日记对恢复心理健康有诸多好处：它可以帮助我们提高意识，也可以帮助我们摆脱胡思乱想，还能帮助我们练习敞开心扉、敢于承认自己的脆弱以减轻压力。

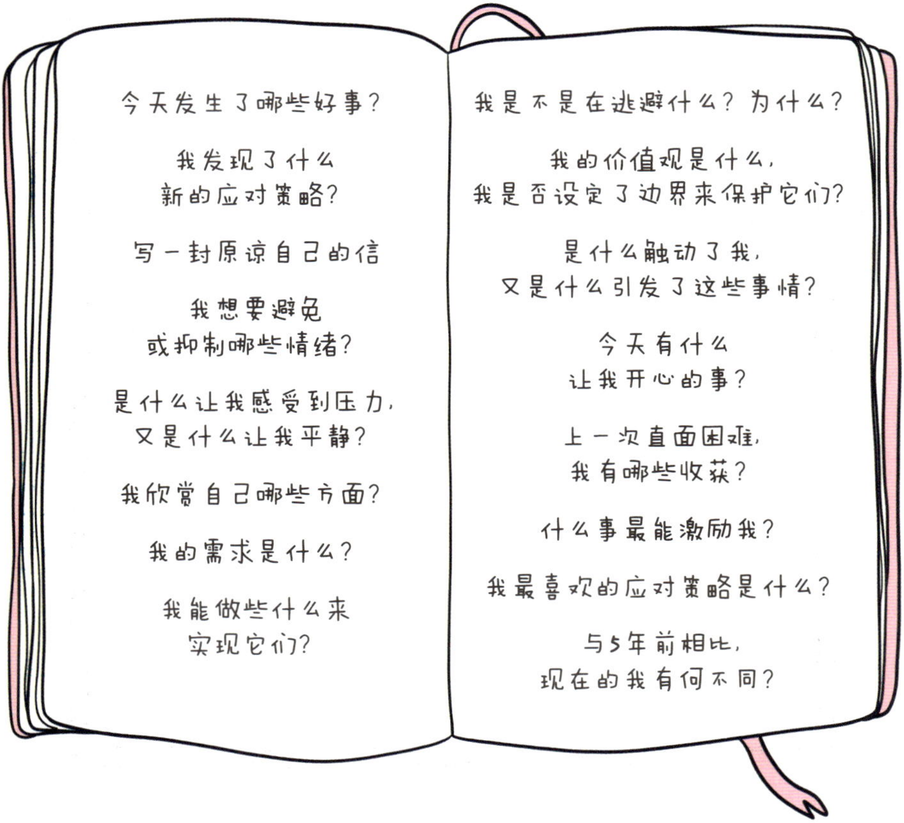

与人交流你的感受就是承认它们的存在，这样可以帮助你敞开心扉以便获得更多的支持，还可以帮助你解决这些问题。我们有时甚至很难明了自己真实的感受，直到开始谈论它，感受才会清晰起来。健康的情绪发泄是缓解异常感受的有效途径。

如果我们在成长过程中没有被教导过如何谈论感受，那么我们就很难敞开心扉，这还需要一个尝试和接受的过程。所以，在我们与朋友、家人或学校老师等身边的人真心交流之前，写日记可以成为敞开心扉的第一步。

身边的人是我们获得治愈和保持心理健康的最重要的保障。对很多人来说，能得到他人的支持而不觉得自己孤立无援，就是一个人的生命线。花点时间想想你身边的人：你觉得可以和他们交谈吗，或者你是否觉得你们可以共渡难关？

如果你觉得自己身边没有这样的人，你会怎么做？你也许很难交到朋友，或许你的家庭环境从小就不允许你表现得脆弱，又或许你身处一个没有任何人能够依靠的新环境。如果你处于这样的境况，其实还有很多方法和途径可以与他人建立联系，试着为自己构建一个支持系统吧。

你可能会害怕结交新朋友，尤其是如果你曾与欺凌或被孤立作过斗争。很多人都难以走出这一步，所以你并不是唯一一个对建立新关系感到畏惧的人。但你一定会惊讶于有多少人愿意拥有你这样的朋友，有多少人渴望获得同样的支持。找到自己感兴趣的团体和活动，非常有助于结交志趣相投的朋友。我们可以在本地参与一些免费活动或便宜的课程。如果你能加入一个百余人的互助群体，可以试着跟他们来往。交朋友是一个渐进的过程，但我们要记住，可能发生的最糟糕的事情不过是没有成为朋友。这没关系，因为你可以再试一次。随着时间的推移，这种训练会变得更容易。在持续的练习中，你才会更自如地面对你的弱势。

加入适合你的社团

研究
当地活动

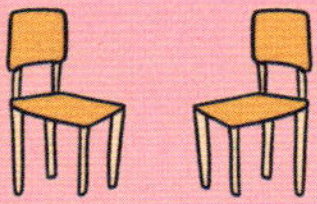

寻找
互助小组

参加体育
活动队

参观
文化古迹

寻找宣传
或志愿者工作

学习一门简单的
技艺，如陶艺
或语言课程

尝试瑜伽
或舞蹈课

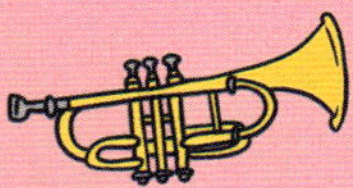

加入或组织
一个乐队
或其他团队

找到有
共同兴趣的
线上社群

结交朋友的方法

去人多的地方或参加他们的活动，来增加交友机会。

试着与偶然相识的人继续交往。

练习与人交谈、赞美他人，尽可能地闲聊。

试着结识朋友的朋友。

与人交谈时保持好奇和专注——社交时微笑和展现兴趣总是很有效。

做你自己！只有敢于展现脆弱和真实的自己，才能结交到真正的朋友。

想一想你看重朋友的哪些品质，然后学着表现出相同的品质。

始终如一，努力保持联系，即使用发短信这样的简单方式。

建立信心并告诉自己：这都是练习。主动邀约朋友确实很难，但每个人都需要朋友，况且其他人也和你一样感到紧张！

心理治疗是另一个可以安全并可控地敞开心扉的方式。

不幸的是，在大多数地区，并非所有人都有条件能接受到专业的心理治疗。不论如何，你可以查询当地是否有免费或便宜的相关的机构。也可以在网上查找相关的资源，来了解更多专业的治疗方案，以及当你需要交流时可以拨打的电话号码。

如果你所在的地区能提供多种选择，试着找出最符合你需求的治疗师。

如果有任何不清楚的地方，不要害怕向你的治疗师提问。也要让他们知道哪些方法对你不起作用。

对自己的治疗师说实话！你的治疗师很可能已经见识过了一切。所以在治疗中没有任何可耻或禁忌的话题。

一开始你可能对治疗师抱有疑虑，但请给他一个机会。不过请记住，当你觉得治疗师并不能满足你的需求时，就可以更换治疗师了。

在治疗过程中可以哭泣。

如果你容易忘掉想要在治疗过程中说的话，你可以提前列出要讨论的内容，或者通过日记的形式先将这些想法记录下来。

请记住，你的治疗师会随时为你提供帮助，并将你的最大利益放在心上。

勇敢地走出你的封闭空间，告诉治疗师你的恐惧和担忧。但你始终可以掌握着自己的治疗节奏。

对自己的期望要有耐心且符合实际。要知道治疗是一项艰苦的工作，可能需要一段时间才能开始看到积极的变化。

想想你希望从治疗中得到什么，并与你的治疗师一起制订目标。

治疗过程中会让你回想起很多，也会产生很多消极的情绪，所以在治疗期间要善待自己并练习自我照顾。

以开放的心态接受治疗。有些练习一开始可能看起来很愚蠢或毫无意义，但请试着敞开心扉，真正去尝试一下。

在治疗结束后进行反思。你从中得到了什么？如何将你所学到的东西应用到日常生活中？

没有什么事是因为太“无关紧要”而不能提起的。讨论日常问题和压力来源是完全没有问题的。

在治疗期间全神贯注。不要担心时间流逝或你说的话有什么不对的地方。

你的工具箱里现在有什么?

现在你已经参观了我的工具箱，我邀请你着手构建自己的工具箱。保持心理健康的任务通常又难又累，但其中很多方法会很有趣且充实，因为寻找快乐本就是旅程的重要组成部分。那么，如何构建你自己的工具箱？我最大的建议是**尝试一切，有时意料之外的方法会给你带来很大惊喜**。下面是一个列表，你可以从中选出你想实践的内容放入自己的工具箱中！

- ☐ 对自己表示怜悯
- ☐ 学习如何真正关心自己
- ☐ 设定边界
- ☐ 用积极的想法替代消极的想法
- ☐ 挑战你内心的批评家
- ☐ 建立健康的应对策略
- ☐ 学会让自己回到那一刻
- ☐ 说出来，写出来，哭出来
- ☐ 安抚你自己

心灵笔记

练习自我怜悯是让你内心的
批评家闭嘴的最佳方法

•

边界可以更好地保护自己

•

自我照顾的方式可以像我们的
独特需求一样个性化

•

幸好你的念头并不总是真的

•

与人交朋友或寻求帮助都有很多方法

CHAPTER 4 | 第四章

跨越障碍，前方是更好的生活

THE ROAD TO RECOVERY

告别舒适区
勇　气
曲曲折折
继续前进

压力和治愈

康复之旅很少是一帆风顺的，生活难免会有很多起起伏伏，而我们必须迎接挑战。很遗憾，精神压力是我们生活的一部分，这是我们对艰难境况的自然反应。但是长期的压力会影响我们的健康状况，并在你努力想让自己感觉更好时击退你。

尽管我会在日常生活中努力控制情绪，但强大的压力常常将我击倒在地板上，蜷缩成一团。控制心理压力一直是我治疗的重点，因为在过去的每一天，压力都会削弱我做任何事情的能力。它可以引发惊恐和抑郁的发作，还严重影响了我的消化系统，我经常感到恶心，下巴永远因为紧张而紧绷。

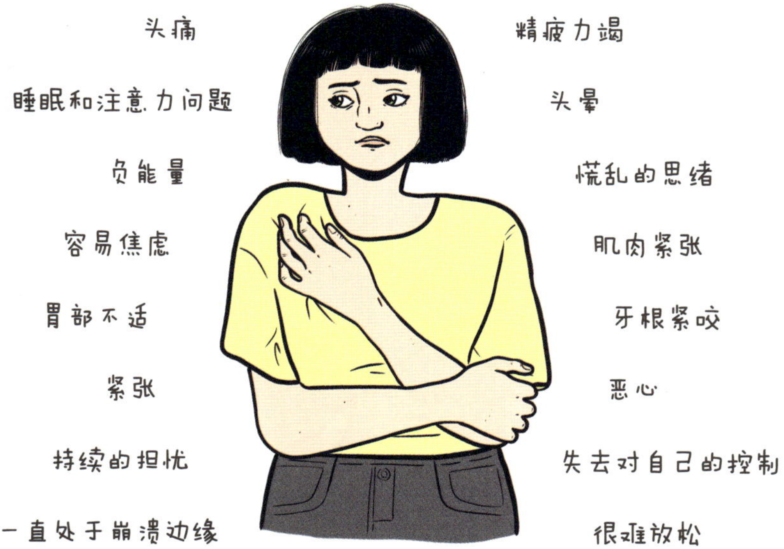

为了改善心理健康状况，我开始研究如何预防压力过大，得出的结论是尽量多消除身边诱发压力的因素。如果学校的作业过于繁重，我会立即跟老师反映，告诉他们我感到压力很大，询问他们对此是否有什么办法；如果度过了压力很大的一天，我就把碗筷或地板上的一堆衣物留到明天再清洗；如果觉得早上时间不够用，我会提前半小时起床，这样就可以慢慢感受清晨的阳光，不必匆忙地度过一天的起始。

看看你的日常安排，花点时间想一想是什么让你感到压力。尝试实施一些我们在上一章学到的针对问题或针对情绪的应对策略，要么消除或减少压力源，要么帮助自己提高压力承受能力，调节自己的情绪。

有时我们无法完全摆脱压力，但我们可以做点什么减少它们对生活的影响。当我还在上高中时，某个充满压力的一天结束后，我的治疗师教了我如何进行身体扫描。这是一种非常适合初学者的冥想。她让我舒服地坐在椅子上，闭上眼睛，用意识一寸寸地感受自己身体的每个部位。我感受到身体的不适、疼痛或紧张，想象着在意识继续前进时放手。你可以亲自尝试一下：

- 舒服地坐着或躺下来，闭上眼睛。
- 聆听你的呼吸。
- 你的脚感觉如何？你的腿呢？你的肚子呢？
- 注意力沿着你的身体向上至头顶，注意你的感觉，承认它们，放空念头。
- 检查一下你的情绪。你现在感觉如何？

预防压力的方法

保证充足的睡眠、营养、水分和体育运动来好好照料你的身体。

将你的任务写下来。将大任务分解成更小的步骤，并按重要性排列，在便笺上写下提示语等。找到适合你的任务规划方式。

在一天结束时，留出片刻时间让自己平静下来。

将生活中的压力分为几类：可以通过实际的方案解决的事情，可以通过寻求帮助解决的事情，以及你无法控制的事情。

问问自己：我是否在工作和休闲活动之间实现了健康的平衡？我的日程允许休息吗？我可以精简或延期哪些任务，以确保留有足够的时间给自己喜欢的事情？

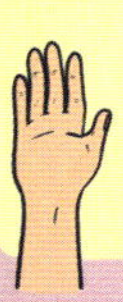

如果你对自己的事务忙不过来，请试着对额外的任务说“不！”。

与他人谈论你的压力，并在事情难以控制时寻求帮助。

• 再次检查你的呼吸，然后转移你的注意力。

每当我感受到压力时，我就开始做身体扫描。如果我感到脖子疼，就把疼痛想象成压力的身体表现，并用药物精油或物理热敷来缓解疼痛。正是将压力想象成身体不适来处理，让我感觉掌控了压力本身。

对抗压力的方法有很多种，每个人都可以根据自身需求进行个性化的定制。**在潜在压力爆发之前做一些有针对性的预案是很有帮助的，这样可以避免在它突然来临时措手不及。**列出一系列可以让自己平静下来的方法，这样能够让你感觉更胸有成竹，更能控制自己的情绪。

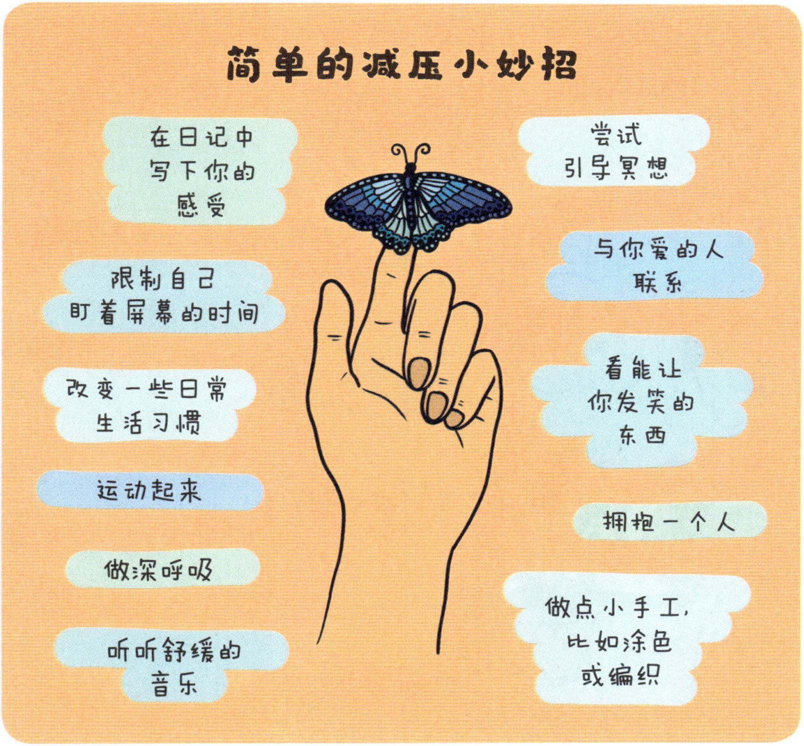

应对职场过度劳累

你有没有觉得自己懒惰？你是否总觉得自己可以做得更多，因此难以休息或放松？当你觉得自己的一天没有“完成足够多的事”时，是否感觉很糟糕？你是否因为浪费了大量时间或因为工作效率低下而感到内疚？

过度劳累的压力已渗透到我们的工作和生活中。不论怎么称呼这种现状，“磨刀石”或“加班文化”，过度负荷或精力透支已经成为职场常态，但事实是这些“超载”的期望是不合理的。社会竞争压力迫使我们将工作效率置于身心平衡之上，但实际上这严重损害了我们的健康。科学研究一次又一次地表明，我们高估了普通人可以专注于事物的时间。我们可以集中注意力去学习和工作的有效时间，实际上只有连续的几个小时。我们的大脑在短时间内的工作效率最高，但学校或工作的时间表要求我们每天要连续数小时地工作，每周5天的工作或学习使休息时间严重不足。而当我们回到家里时，还有很多其他事务需要处理。

所有这些都会让我们觉得自己做得永远不够，一些人为了有尽可能多的时间做尽可能多的事，不惜成为“加班狂”“工作狂”，对自己的身心健康不管不顾。但是，当大脑和身体发出信号，要我们放慢生活节奏时，如果选择无视它，就会使自己精疲力竭，并且增加罹患身心疾病的风险。

我不相信所谓的懒惰，我认为是一些原因限制了我们的行动力，让我们感到懒惰。

你是因为懒惰而不起床，还是因为觉得精疲力竭？

你是因为懒惰而写不完论文，还是因为还有另外5篇论文让你觉得压力过大而绝望、抗拒？

我们的生活离不开工作，我们也不能完全掌握自己的时间和处境。这就像必须吃但又难以下咽的药丸。我们并不是总有条件能选择一条有益身心健康的道路，至少在没有大量试错的情况下，很难做出最正确的选择。但如何判断和衡量自己和他人的价值，可以由我们自己决定。是时候摒弃这种“越高效、越全能的人就越有社会价值”的观念，并试着将自我价值与我们真正该优先考虑的目标相结合了。当我

们躺在床上休息时，应该像在工作时一样被尊重；当我们休养或充电时，我们仍然要自我感觉良好。我们不必为自己“本该做得更多”而感到内疚。**懒惰和缺乏动力通常是一种警告信号，提醒我们需要休息和重新调整事物的优先级。**

我不得不后退一步，去重新审视自己的生活。并且要从对我来说真正重要的角度，而不是我“应该想要”的角度去审视。朋友们都去上大学了，这似乎是理所当然的事情，但高等教育并不是我的首要任务。学业成功的想法很诱人，但我从来都不是优等生。如果不用拼死拼活地去工作就能赚够生活费，我就会很满足了。然而，我们活在一个标准化的世界里，6岁的孩子都会有对未来职业的理想。相比之下，我的“不求上进”就像是一件难以启齿的荒唐事。

在19岁离开学校之后，我试着尽可能地忙于工作，“工作成果”可以提供给我一种自我满足感，让我觉得自己没有浪费时间。当我成为个体经营者时，我将所做的一切利益化，于是我不再为了兴趣而画画，因为这是“浪费时间”。但是，这么做没让我对自己感觉更好，反而让我感觉更糟了。我需要创造性的工作，因为这可以改善我的心理健康状况；能够平衡工作、生活和休息的时间，让我觉得我可以更好地掌控自己的生活；照顾好自己的身心健康也让工作变得更加愉快了。

我的价值不该由我是否忙碌来定义，我想要一种尽可能远离机械刻板和“磨砺”的生活，而这并不会让我更懒惰。我的梦想就是过平静而非忙碌的生活。不做优秀员工没什么大不了，不喜欢上班也没关系，我们可以优先考虑所需的休息时间，并做自己真正喜欢的事。

如果你为无所事事感到内疚，请提醒自己：照顾好你的心理健康很有价值，休息很有价值，优先考虑自身健康非常必要。你不需要与他人比较工作效率，因为对于“是什么构成有价值的一天”，我们有着不同的想法和评判标准。是时候重新定义“工作成果”了，它应该代表着“是什么让你觉得自己度过了美好而充实的一天”。你不是一台机器——被放在这个世界上就是为了一直工作到报废。你是一个超越了职业的、有需求和梦想的人，你的“工作成果”并不能决定你真正的价值。

停止给自己增加压力

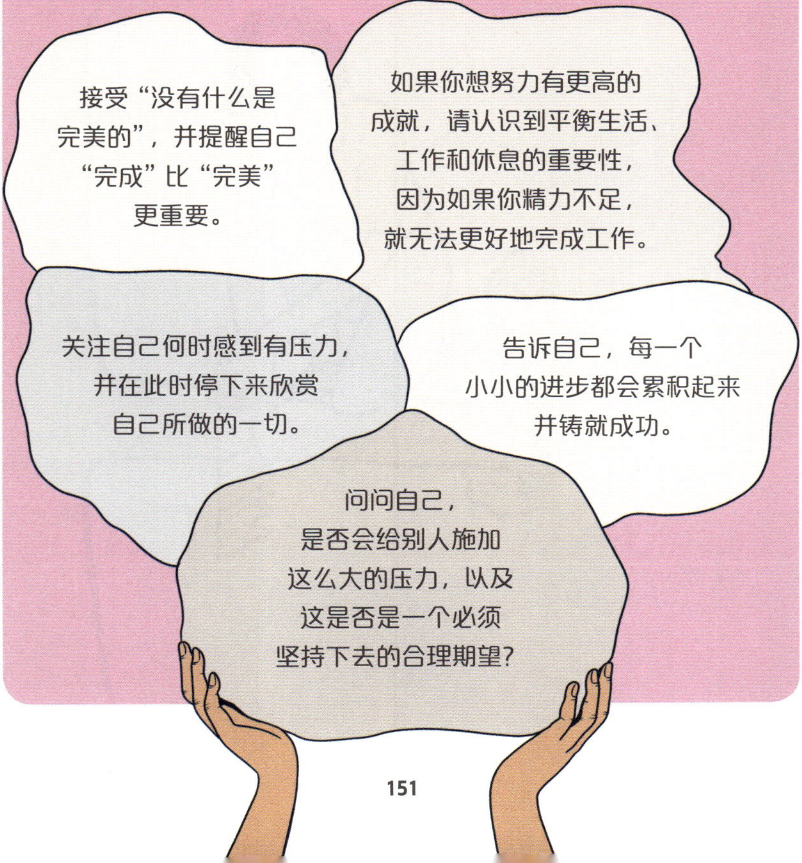

忽略
我需要休息的
迹象

经常
拖延

违背
自己的意愿
说“是”

制定
难以遵守的
规则来
约束自己

同时承担
过多的任务超出了
我的能力

将事情拖到
最后一秒

还没开始
就对自己
没有信心

过度的放任等于自我毁灭

我经常放任自己。起初，我并没有意识到自己行为的严重性。但即使我在当时能意识到，也停不下来。它始于一些小事，比如将一篇论文拖到最后一天，或者在重要日子的前一晚熬夜。情况更糟糕之后，它变成：逃避急需的治疗、在月初花掉太多预算，或者说着“见鬼去吧”，继而放弃我为之努力了很长时间的事情。显而易见，从长远来看，这对我的心理健康没有任何益处。

但是，我为什么要放任自己呢？难道我不渴望成功，不应该站在我自己这一边吗？这可能是因为，有时，我在与低自我价值感作斗争，我没有信心自己会成功。在其他时候，也许是因为我在寻求简单的快乐，哪怕这些快乐是具有破坏性的，因为我知道幸福来得并不容易。我的多动症也让我很容易感到无聊，所以我已经尽了最大努力来寻求快乐，以缓解激励不足带来的压力。在其余时刻，我沉迷于自我放任的行为，因为未来是不确定的，所以我选择“放弃”来重新获得控制感，与做不到而失败相比，我主动选择失败，看起来更容易接受。

不能满足
自己的私欲，
因为那不是
“应得的”

每当陷入困境时，
总会选择逃避

针对小问题的
解决方案
过于复杂

无论什么原因，想要弄清楚你是否在“自我毁灭”，最简单的方法之一就是问问自己：你目前的行为是否符合你的目标和价值观？有时我们会感到困惑，没有动力去满足自身的需要，当我们感到被生活压垮时，可能很难认识到这一点。如果我们感到无助，就很难知道自

自我放任的表现

- 不与他人设定边界
- 严厉地批评自己
- 不寻求帮助或采取必要的休息
- 设定了不切实际的目标和期望
- 觉得陷入了自我毁灭的循环
- 觉得自己的生活混乱不堪
- 逃避负面情绪
- 你让自己退缩了
- 在任何时候都只会看到消极的一面

己的行为模式是否真的在为自身服务。如果不确定，试着问问自己：

- 我是否暂时拒绝放松和简单的快乐，只是为了之后过度放纵？
- 我是否觉得自己需要更好的日常生活？
- 我是否制定了严苛的自我约束的规则，引发了对自己的不满足？
- 我是否曾为自己制造压力，让我力不从心？

如果你意识到了自己有过度放任自我的倾向，是时候弄清楚你何时这么做的，这样下次就可以避免。想一想，你放任了生活的哪些方面，以及在此之前发生了什么？当你有放任的冲动时，你会经历什么情绪？你是否曾经在不知不觉中自我放任过，如果是这样，是什么导致你这么做的？当我们审视自己面对压力、缺乏自信和缺乏控制的表现时，一定要诚实。自我放任通常源于消极的思维模式，会让我们觉得自己不配拥有更好的生活。只有调整思维模式，彻底粉碎自我放任，我们才能改善自己的心理健康状况。

停止放任自我的方法

不要为自己设定过于死板或不够明确的目标。

确定你真正想要的是什么。你是在放任自我，还是你的直觉告诉你这份工作、关系等不适合你？

用好的习惯取代“破罐子破摔”的习惯。

练习积极的自我对话，以此来对抗你的消极想法。

当你有放任自我的冲动时，想办法安抚自己。

重新定义你看待失败的方式，并记住这是人生经历的一部分。

问问你自己，如果我把这个任务交给别人，他们为此苦苦挣扎，我会对他们同样严苛吗？

请朋友帮助提醒你需要完成的工作。

当你选择健康的应对策略而不是放任自我时，奖励自己。

摆脱那些触发你放任自我的事物。

“我无法停止将自己与其他人进行比较”

我们都希望自己有与众不同的地方，并且我们常常会发现，别人有的，刚好是我们所期望的。作为孩子，我们开始注意到我们与其他人之间的差异，但随着年龄的增长，这些比较开始逐渐影响着我们的自尊。

生活中，我们到处可以看到别人的成功时刻。也许，你在一个寒冷的冬夜，刷着朋友圈，发现你那个薪水丰厚的老朋友搬到了更大、更豪华的新房子；也许，你和朋友们吃饭的时候，其中一个炫耀着闪亮的订婚戒指，并谈论起她的蜜月计划；或者，你可能有兄弟姐妹，却一生都被迫和他们比较，他们似乎过上了好日子，但你总是觉得自己落后了一步——那种感觉我们都懂的。那种令人讨厌的嫉妒冒着泡泡，不能为他们的成功而由衷地祝福，却会为此感到羞愧，更重要的是觉得自己不够幸福。

有时候很难不去比较。比较表明了关

于我们自己的3件事：我们希望自己拥有什么，我们确认自己缺少什么，以及我们对成功的看法是什么。如果比较能激励我们去寻找机会并以健康的方式提高自己，那么它有时也可以作为积极变化的向导。但通常情况下，比较是我们自我伤害的一种方式。看到别人拥有的东西以及他们正在做的事情，会让我们觉得自己拥有的和所做的还不够。

不断比较是摧毁我们自尊心、自信心最快的方法之一，所以我们要阻止自己这么做，这非常重要，并一定要对自己保持宽容。

下次你发现自己的嫉妒在内心沸腾时，试试这个方法：拿出一张纸，或打开手机上的记事本，然后深入了解并记录这种感觉。通过下面这些问题分析它是怎么产生的：

• 我可以把这种嫉妒重新定义为佩服吗？我喜欢这个成功的人什么？我是否可以尝试欣赏他们，而不是让自己与他们作对？

• 我是否因为想起自己的需要未得到满足而感到嫉妒？为了满足我的需求，我可以向他们学习哪些方法？我有

什么未解决的渴望吗？

• 我是否因为害怕被抛弃而感到嫉妒？我可以通过哪些方式去谈论这些事？怎样才能让我在与他人的依恋关系中感到更安全？

• 这种嫉妒是我的直觉在试图告诉我，我没有被欣赏或关心，这让我感觉失落和不安吗？我的底线得到尊重了吗？

停止攀比的办法

记录你的成就
并为此庆祝，
无论大小。

事实是，
即使是你
与之比较的人，
也会有他自己的
不安全感。

提醒自己，
社交媒体上
都是摆拍、
剧本，
或者人们也只会
分享他们的高光时刻，
而不会展现自己
不足的
一面。

把注意力转移到
你感激的事情上，
以及你想要
实现的目标和
梦想上。

你是独一无二的，
世界上没有人
能像你一样。

要知道，
我们总是拿别人
最好的一面与自己最差的
一面相比。

找个人聊聊，
你可能会惊讶于
有多少人跟你有
同样的感受。

像赞美别人一样赞美自己，
时刻关注并展现你
自己的特点。

远离让你
感到自卑的人和处境，
专注于照顾好自己。

认可自己的成就，
为自己的成长
感到自豪。

社交媒体与孤独

我的第一部手机是直板的，我用它打电话、偶尔发信息、玩像素化的贪吃蛇游戏。当分享平台刚开始出现在人们的生活里时，我和朋友们也参与其中，感觉很好玩并且也很简单。我们发布了搞笑的图片并很快获得了3个赞，它只是被用来与亲密的朋友分享生活的。我们的页面没有网红，没有修图，也没有商品交易和品牌广告。

现在的社交媒体已经发生了很大的变化，它的初衷并不是让我们获得长久的幸福感，而是恰恰相反。它的吸引力让我想起老虎机，虽然我们不是拍下按钮，只是上下滑动来刷新页面。有时我们会刷到令人兴奋的图片或视频，这会让我们的大脑产生多巴胺。多巴胺是大脑在告诉我们，它喜欢重复做这件事。这种潜在“奖励”诱使我们一次又一次地打开应用程序，并沉溺其中。现在很多应用程序都是“无尽头滚动”的模式，这使我们在不知不觉中消耗了太多的时间。赢取了这些自然流量，社交媒体公司就有机会把我们的关注力卖给广告商。暂且不去考虑这些，更重要的影响是，它会让我们觉得无法自拔，甚至会让我们上瘾——这是一个可怕的事实。

最重要的是，看到那些经过处理的华丽外表和编写出来的奢侈生活，真的会打击我们的自尊心和自信心。许多研究表明，大量青少年对他们的身体感到不满意，而他们不断被这些信息轰炸，又怎么会对自己满意呢？小时候，我会将自己与同年级的漂亮女孩进行比较。现在，我同样将自己与修图或美颜后的网红进行比较。可是，她们自己甚至都无法走出美颜软件。

但是，即使你设法远离这些，当你在手机屏幕上看到朋友分享的精致照片和美妙生活，而你却在漫长而艰难的一天结束后躺在床上时，你依然会感觉自己是在浪费生命，而别人却在享受生活。简而言之，它会让你感到孤独。

有一次，我刷手机时看到朋友们都聚在一起玩桌游，却没有邀请我。我觉得自己被排挤了，于是我泪流满面地给他们打了视频电话。他们很无辜地说："但是你讨厌玩棋盘游戏呀？"我停顿了一下说："是的，好吧，可是我还是希望能被邀请。"我也许并不会去，但我会忍不住去想，当我不在那里时，他们是不是玩得更开心了。如果我没有在社交媒体上看到这些，我会好好地在家里度过轻松的一天。可事实上，我深深地感受到了孤独和FOMO（害怕错过，网络流行语）的滋味。我的朋友们经常开玩笑说我的FOMO情绪很严重。但我已经意识到，对我来说，孤独就像一个按钮，随时会触发我的低落情绪，并且会让我陷入无尽的恶性循环。

当我在别人身边时，我感觉最像我自己；有时当我在社交媒体上获

FOMO是什么样的感觉

担心自己会错过
其他人都拥有的
重要体验

担心朋友们在
没有你的时候聚会，
会遗忘你

当你说“不”时
又感到后悔，
担心错过
一些东西

当你不在场，
别人却玩得
很开心时，
你会感到
不安

对你不喜欢的
事情说“是”，
因为不参加
会感觉更糟

过于关注你
缺乏的东西，
而忽略你
拥有的东西

在生活中经常感觉到
“不合时宜”

得正面的评论和点赞时，我感觉最自豪，因为它给我的大脑提供了直接奖励。意识到这一点真的让我感到不安，所以为了克服这种感觉，我写了一份清单，列出了在那些时刻我需要记住的事情：

- 我要尽量与社交媒体保持距离。
- 在我独处时，做一些有意义的事情。
- 我应该更在意自己对自己的肯定，而不是别人的赞美。
- 我需要尝试一个更健康的社交媒体参与模式。
- 我要相信我的朋友是喜欢我的，即使我不在那儿。
- 我要努力在孤独中寻找满足感。

有时我会“拒绝”与朋友见面，这样我就可以练习独处，而不用担心我可能会错过什么。我将照片打印出来并作为回忆珍藏，而不必将它们放在社交媒体上，让所有人看。**我把社交媒体当作一个与朋友聊天的场所，而不是用它炫耀我的高光时刻或展示我的私人生活。**

负面情绪可以作为线索，提醒我们需要做一些改变了。如果你发现自己在使用社交媒体后感到空虚或孤独，可能是时候改变你使用它的方式了。管理和规划自己对社交媒体的使用，可以帮助你更好地限制自己对比和使用网络的时间，更会提醒你在社交媒体之外，也有对你来说很重要的事情。社交媒体确实会带给我们很多有效的信息，如果你担心对社交媒体产生依赖性，那也是正常的，因为并不是只有你会这样。

社交
媒体
使用
指南
关注那些让你感到鼓舞、支持并与你产生共鸣的人。
远离那些让你紧张、消极或心烦意乱的人。
不要在意让你不高兴的内容。
控制你的屏幕使用时间。
寻找积极的在线空间。
不要在早上一睁眼或晚上睡觉前浏览手机。
优先考虑现实生活体验，而不是在线交流。
提醒自己，社交媒体上的很多内容都是虚假的。

人际关系与心理健康

良好的人际关系有助于改善我们的身心健康。我们可以从积极的恋爱、家庭或社交关系中获得支持，并获得安全感和归属感。然而，不稳定或痛苦的人际关系会使心理疾病恶化，而你的身心健康也会对所有人际关系产生影响。

恋爱与心理疾病

如果你想保持一段长期稳定的恋爱关系，对你正在经历的事情要坦诚相告。

鼓励你的伴侣了解你正在经历的事情，这样他就能更好地在你的旅程中给你最好的支持。

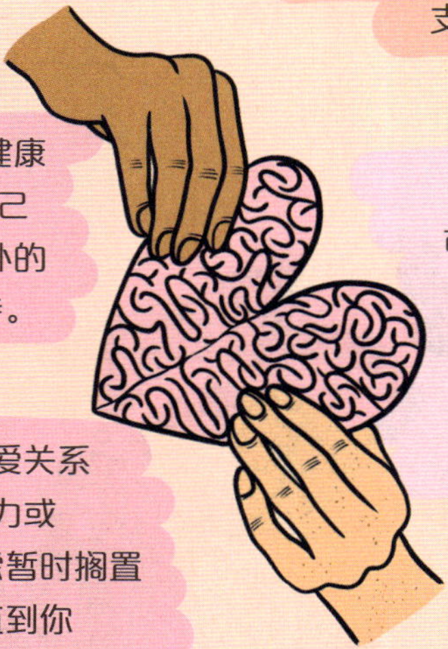

保持将你的心理健康放在首位，将自己作为一个关系之外的独立个体来对待。

确保你有几个可以用不同方式帮助你的人，这样你的伴侣就不会是你唯一的支柱。

如果约会或恋爱关系给你带来压力或负面情绪，请考虑暂时搁置这些事情，直到你准备好为止。

请记住，心理疾病不会影响你被爱的权利！

当患有心理疾病时，你和你的伴侣必须接受一个事实，就是这段关系可能并不总是平等的给予和接受。有时你没有太多精力去付出。

17岁时，我遇到了一个特别的人。他来自美国，在这里作为交换生待了一年的时间。这是我有生以来第一次感到一丝浪漫的欲望在我心中滋长。当他的交流期快要结束时，我感到伤心欲绝。他想留下来，但没有固定的住所。当我母亲建议他留在我们身边时，我感到很惊讶。他同意了，我们就一起生活在我儿时的家里，直到后来我们有了自己的住处。

爱一个人真的很特别：这种爱让你觉得好像一切都是在引导你们的偶遇；这种爱能帮助你抵御世界的冷酷，让你感觉很多事情都可以忍受。

我不知道心理疾病和爱情是如何在我的大脑中共存的，但事实证明这种感觉相当强烈。爱的血清素让我陶醉，我愿意做任何事情来保护这份爱。我感到焦虑，我的自尊心并不强大，我常常怀疑我的过度敏感和情绪化是否会把他推开。即使是在友谊中，心理疾病也像“第三个轮子”，或者像蓝天上一片孤独的乌云，有时会很难胜任一个好朋友的角色。当你自己都奄奄一息时，也没有力气去安慰别人。在人际关系的来往中，心理疾病会让你感到十分空虚。你想掏出真心，但仍然没有什么可以给你爱的人。

我对我的伴侣付出了很多，因为我还年轻，我有很多爱的感受，我觉得我终于可以和别人分享一切。但我脑海深处的声音一直在问，“他能陪伴我多久？”如果我因为独自思考这个问题而精疲力竭，可想而知他听到这件事也会很疲惫。他从不让我觉得我有问题或者是个负担，但因为我非常珍惜我们的关系，所以我要努力地去维持一段健康的恋爱关系，并成为可以平等地付出和接受的伴侣。

与普通大众相比，患有心理疾病的人更有可能成为暴力和虐待的受害者。不幸的是，许多人在成长过程中并没有经历过健康的人际关系，所以有些人在成年后没有一个明确的参考标准，他们无法感知健康的和支持性的人际关系应该是什么样子的。

这可能会使一个人变得脆弱，并发觉自己在青少年和成年时期处于有害或虐待的关系中。如果我们没有底线并且自尊心脆弱，我们就会有被利用的风险。

心理健康状况可能成为我们人际关系中的障碍，为了克服这一

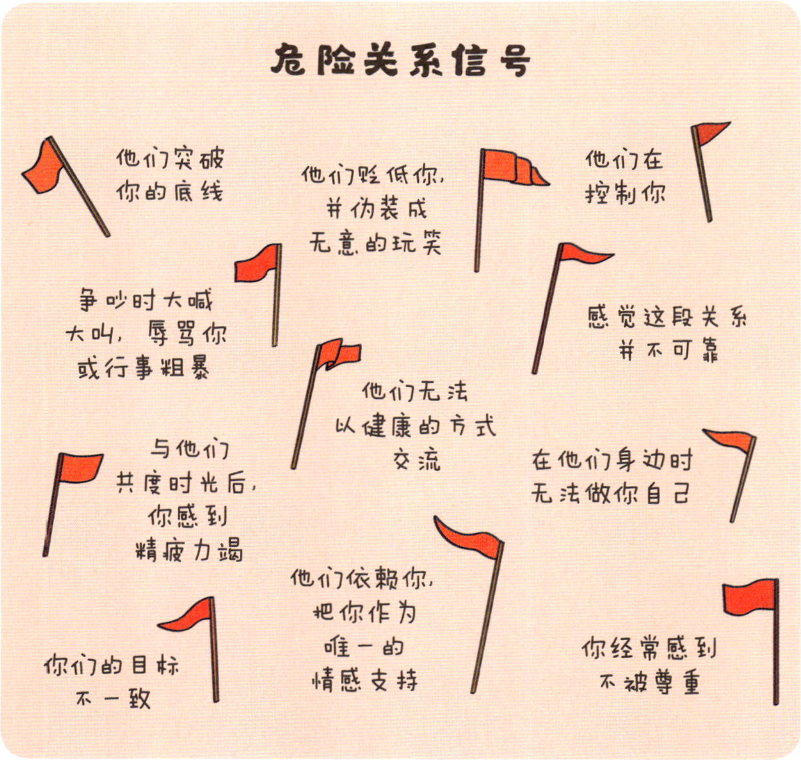

点，我们需要在与其他人的关系之外，建立我们与自己的关系。这并不是说舍弃与朋友、家人和恋人在一起的时间，但是与自己建立一个稳固的情感基础非常关键，我不是说你必须爱自己才能够去爱别人。爱自己可能是困难而复杂的，它需要很长时间才能实现。但自爱绝对是必要的。你要学会设定边界，将自己作为一个值得被善待和尊重的人，并传达你的需求和想法，否则我们可能会被迫接受对我们的心理健康有害的行为。如果一个人让你感到不安全、不被支持，那么这个人不应该继续出现在你的生活中。

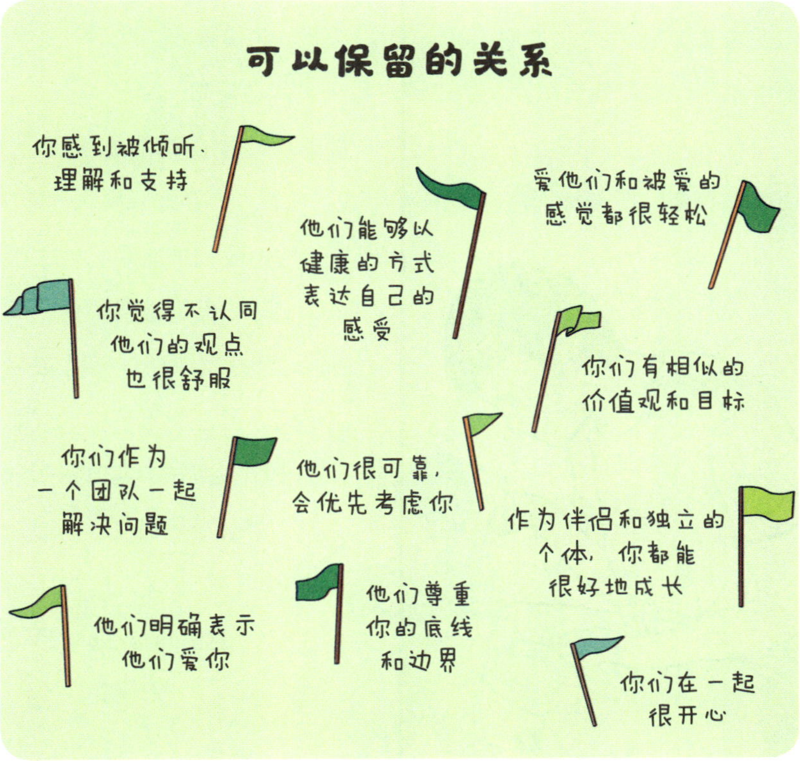

哀伤和失去

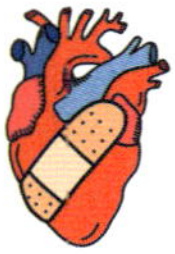

这部分内容讲述哀伤和失去的经历。如果对你来说，现在还没准备好谈论这些，请跳到第178页。

在所有的困难和经历中，失去对你很重要的人或事物一定是最难以接受的。悲伤是我们为爱付出的代价，哀悼是无处诉说的深情。思念一个不在身边的人，是我经历过的最深切的痛苦。我一直在尽量避免失去，直到我20岁时，我的祖父死于急性胰腺癌。我对死亡的概念感到恐惧，他病重期间的事情对我来说就是模糊一片。

我唯一记得清楚的，是看到他非常虚弱地坐在他的皮沙发上，听着布鲁斯·斯普林斯汀在他的唱片机上唱着“我不想消失”，我不知他是否知道歌词的意思。他去世的那天，我去医院看望了他，我很伤心，因为我知道这将是最后一次见面，但是我不想说话或思考。他在我那年生日的3天前咽下了最后一口气，所以对于我来说，庆祝生日也变得很悲伤且毫无意义。

我没想到

自己会这样的痛苦。我就像只寄居蟹一样，缩进了自己坚硬的壳里。我不想与任何人分享我的哀伤，也不想参加共同哀悼的告别仪式。我自己的哀伤是痛苦的，但看到我家人的哀伤会使我更加痛苦。它让我窒息，就像每个房间都有一个巨大的黑洞，一个我们谁都无法承受的重量。一个人的缺席永远改变了一切。我的哀伤带来了痛苦，但同时，它也是神圣的。它是一种力量，将我和那些与我们不在同一时空的人联系在一起，让我知道他的存在。哀伤是如此复杂，因为死亡对我们来说是如此难以接受。

失去祖父的悲痛让我意识到，我以前曾哀伤过很多次。因为哀伤不仅会在我们所爱的人去世时出现，当一段关系消失，或者当我们失去一些重要的东西时，它也会出现。

哀伤的方式不分对错。天天哭也没关系，不哭也完全可以。想要经常与人谈论，或者想独自消化都可以。当时我想知道的是：什么时候才能不那么痛苦，哀伤什么时候才能消失？但后来我意识到，哀伤并没有真正消失。失去爱的人以后，我们不会完全释怀，这种痛苦还会伴随着某些时刻再次袭来。比如他们的生日快到了，或我们想要告诉他们一些新鲜事却发现斯人已逝的那一刻。我们无法将他们重新唤回身边，所以，哀伤也无法完全消除。但随着时间的流逝，几周、几个月或几年，我们渐渐习惯了他们的缺席。我们的生命版图在不断地扩张，终有一天回想起他们时，我们会发现那段回忆不再那么哀伤，不再像肚子中间挨了一拳一样痛了，它变成了温暖而遥远的记忆。而我们学会了尊重哀伤，并与之共存。

当哀伤还新鲜时，它会消耗一切能量，因此关注自己的心理健康状况显得更加重要。哀伤是一个自然的过程，但有一些自我帮助的方法，可以帮我们更容易度过最困难的初始阶段。虽然哀伤令人难以自持，但哀伤和抑郁是有区别的。如果哀伤持续干扰你的睡眠和食欲，如果它让你觉得自己的生命正在枯萎，那么你需要找专业人士谈谈了。

我认为，直面失去并释放哀伤很重要，因为哀伤是自然的。它可以通过多种方式表现出来，这没关系。我们自身经历的哀伤，或者目睹他人的悲痛，都会让我们感受到伤痛有多深——仿佛一切都不一样了，再也回不去了。但是这种感觉会变得越来越

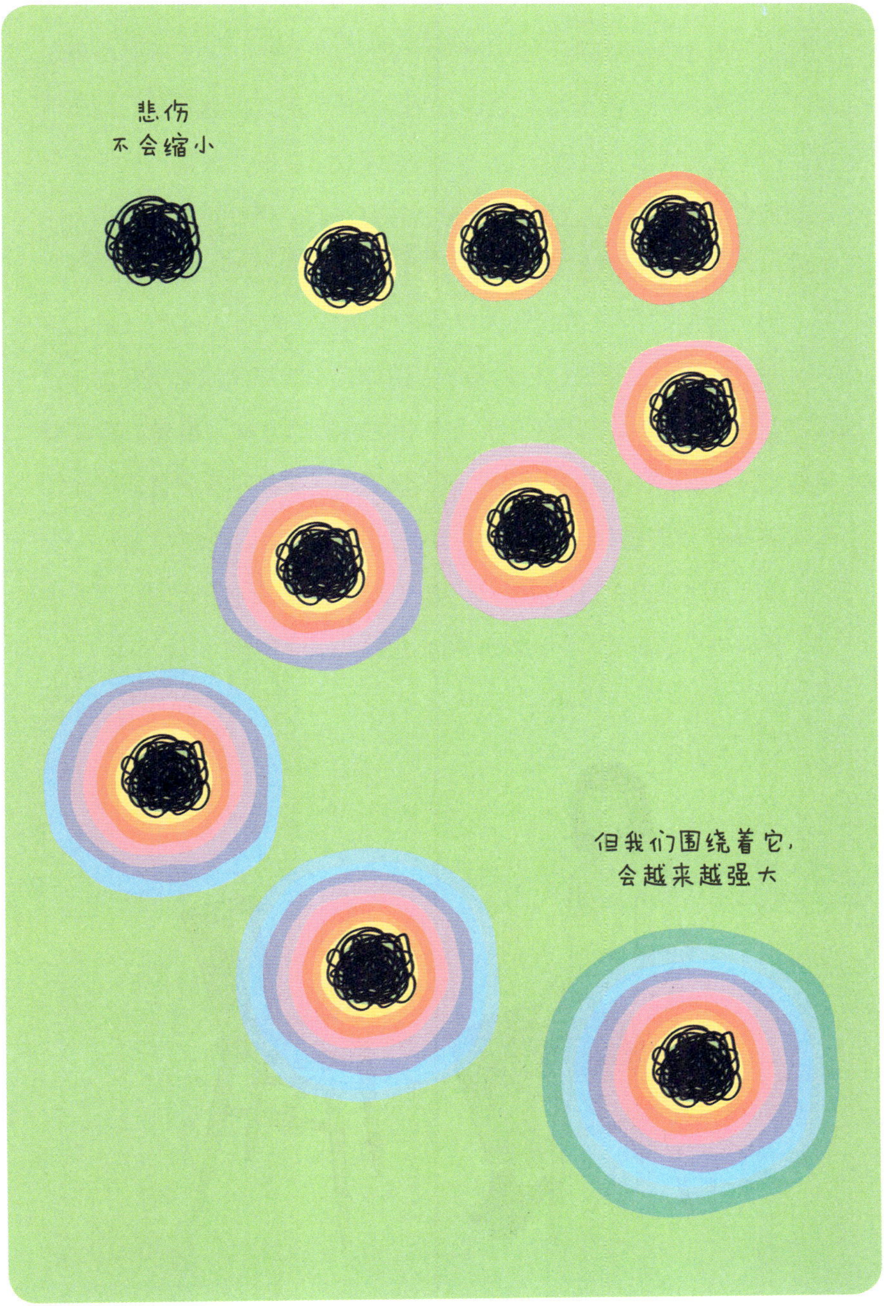
悲伤
不会缩小
但我们围绕着它，
会越来越强大

轻松。随着时间的流逝，生活不断带来新的体验，哀伤不再不可逾越。它可能是一个永远不会完全结束的漫长经历，但随着我们继续前进，时间会帮助我们治愈一切。自我照顾是帮我们穿越哀伤、治愈自己的重要路径，构建自己的工具箱，并将它们应用到日常生活中，这就好比你在溺水时得到的救生衣。

腾出时间与他人相处，去户外走走，坐下来用心感受、正念练习，在寒冷的夜晚把自己包裹起来，用声音、气味或味道来安抚自己的情绪……这些就是如何让生活变得更轻松的方法。**当我们确实开始感觉好一些，并重新喜欢自己时，请记住，这并不意味着你正在背叛或破坏你对失去的人或事物的爱。**当你越来越少地想起这些失去时，很容易感到内疚或心痛，请尽可能地在哀伤可能带来的所有感受中，善待自己。感受、面对或记忆的方式并没有对错之分。

如何应对哀伤

优先考虑你的睡眠、饮食和情感需求。

用实际行动来珍惜与你爱的人的生活，比如不定时的庆祝或小惊喜。

尽量保持规律和充实的生活。

给自己时间和空间去感受和表达你的情绪。

请记住，任何感受都没有对错之分。

如果你感到不知所措，不要害怕接受或寻求帮助。

避免在悲伤中做出重大决定。

考虑通过一个新的方式来纪念逝去的人，并与关于他们的记忆联结起来。

与你信任的人谈论你的哀伤，或在整个哀伤过程中，写日记记录你的想法。

继续前进！

当我刚刚20岁时，我经常会停下来思考：什么时候事情会如我所愿？所有这些困难什么时候才能结束？为什么我会如此频繁地出错？但事实是，我们在生活中总会遇到困难，也总有突然觉得一切都很崩溃的日子。人类面临的最大挑战之一，就是学习接受不确定性和生活中突发的障碍。当你还处在治愈心理疾病的过程中，有时候，即使是最小的麻烦也可能把美好的一天变成一场战斗。

改善心理健康的一个重要步骤，就是了解自身的需求，并找到安慰自己的方法。一个有效的方法是，收集能让我们感觉更好的工具，来支持和提高我们的抗压能力，并在特定时间做一些提振精神的活动，由此在我们和压力之间制造一层缓冲带。另外，**我们可以将问题分为可控制、可改进以及可解决的，以及需要接受的或不可避免的事，从而用不同的方式来分类处理这些事，**同时安慰和鼓励自己。

心灵笔记

练习管理你的压力

●

花时间放松

●

停止一切自我放任

●

每个人的旅程都是独特的，
比较毫无意义

●

善意并谨慎地使用社交媒体

●

健康的人际关系
与你的心理健康息息相关

●

哀伤最终都会过去

CHAPTER 5 | 第五章

一起变得更好的旅程

YOU CAN THRIVE, NOT JUST SURVIVE

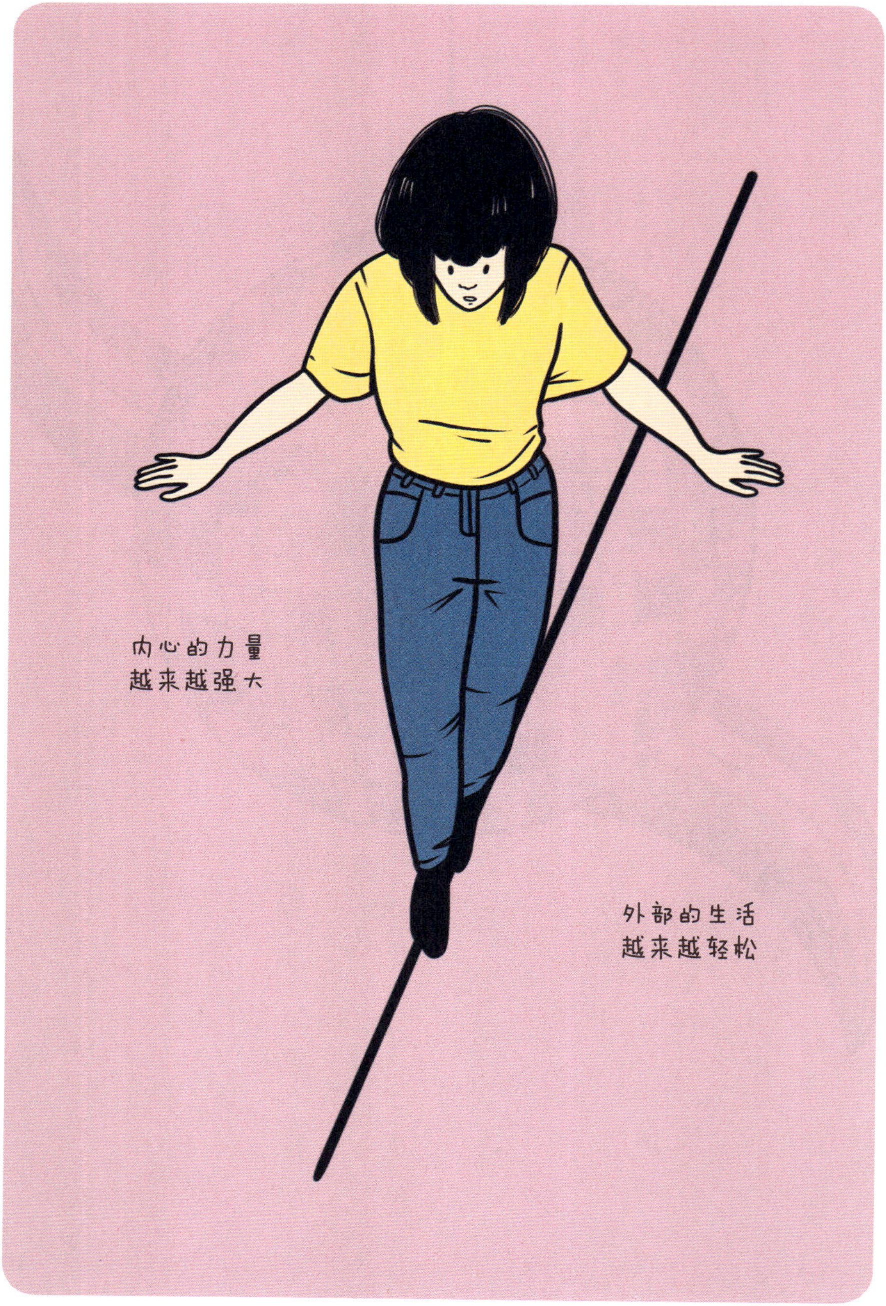
内心的力量
越来越强大
外部的生活
越来越轻松

让生活为你所用

当你在生活中苦苦挣扎时，让内心得到满足的目标就变得遥不可及，甚至不敢去想。我敢于扭转这种生活局面的动力，来自外界的鼓励，我看到并认识了面对同样挑战的人，他们找到了奔赴成功的路径。生活总是带来新的挑战，只要你用心去了解，就会发现每个人都曾陷于困境。我们每个人都应该问问自己："我怎样才能让生活变得更美好？怎样才能满足我每天的需求？"

我对流程化的治愈方式有很大的不满。根据我的经验，它们治愈的重点往往只针对心理疾病症状，通常是用药物疗法和谈话疗法，而很少谈及如何让生活更有意义。我确实需要药物来让自己感觉更好，但针对我的治疗并没有完全顾及我的个性化需求。有人告诉我，我的心理疾病源于大脑中错误的化学物质，而日常压力和未解决的创伤使情况糟糕数倍。

我有很多问题。我是否在按自己的价值观生活？我是否感到没有意义，好像生活中缺少了什么？我真的把心理健康放在了首位吗？在现代社会生活中，我们是否有可能将心理健康需求置于诸多责任之前？

回想一下我童年时未被诊断出的学习障碍，以及长期在不知情的情况下经受的大脑神经异常的痛苦，我现在意识到我不得不去适应。由于我的问题长期未得到关注和解决，我只能通过自己的方式去应对。一年级时，我和一个还不会说本地语言的波兰女孩交上了朋友，与她“交谈”比跟其他本地的同龄人更容易。我把毛绒玩具带到学校，来舒缓我超过“正常”年龄标准的紧张情绪，而且我在学校有一个固定的“藏身之处”，当我不知所措时，就去那里大哭一场。我当时未确诊的数学障碍使数学课对我来说特别糟糕（我至今仍有严重的数学焦虑），我不得不想方设法计算对我来说有意义的数字。而现在，作为一个成年人，我仍然在找寻与自己的大脑一起工作的方法，而不是对抗它。

当你足够了解自己时，就可以开始想办法解决你觉得困难的事情，并帮助自己更好地成长。你不必按别人的方法行事，也不必事事做得完美无缺。你可以遵循自己的想法，保持自己的价值观和信仰，也可以参与你所知道的能提升自己的活动。例如，当我做枯燥的家务活时喜欢听教育播客，因为这让我感觉自己正在学习一些东西，而不是陷入家务的纠缠中。一会儿之后，我会感觉自己仿佛处于自动驾驶状态，身体在做自己的事情，而大脑则被有趣的事滋养。多动症让我很难做出妥善的计划和组织活动，所以我想出了各种“多动小技巧”，来帮助自己更容易地把事情做好。

当我为新的一天做准备时，我总是说，“未来的玛蒂尔达一定会非常兴奋，因为过去的玛蒂尔达精心地为她做着计划！”我带进家里的所有东西都有一个指定的“家”，这样我就可以追踪它们的去向了。我的日常生活是经过几个月的反复试验和试错而精心设计的，并逐渐适应了我的具体需求和能力。要想制订你自己的常规日程，我建议你写下自己最常见的问题，然后在可信赖的朋友或专业网站的帮助下，找出对你来说有意义的、切实可行的解决问题的方法。

常见问题	解决方案
我永远找不到我的钱包	用一个颜色鲜艳的钱包
沮丧时我无法洗碗	沮丧时用一次性纸盘吃饭
我经常想不起来有什么事还没完成	在手机上设置提醒并在便利贴上记下任务
当我情绪低落时，我会孤立自己，并忽视我的人际关系	将社交活动规划到你每周的日程中
我经常忘记吃药	把你的药挂在门的内侧，与视线齐平的位置
房间太乱了，我不知道从哪里开始收拾	计时15分钟，放上音乐并尽你所能地做事
我无法忍受乏味的事情	让朋友充当“替身”来帮助你一起完成
我总是把事情拖到最后一刻	在你的实际截止日期之前，设置一个模拟截止日期，然后遵循它行事

如何才能让生活感觉更可控？其中很重要的一点是了解我们自己和我们的需求。心理健康状况不佳的最大风险之一，是形成不稳定的自我意识。我们都有不同的优势和不足——**变得更好并不意味着要改变自己的全部，而是要找到恰当的方法来发挥你的优势和应对你的挑战。**

这是学习自我领导真正有用的地方。自我领导是一种帮助你实现目标和简化生活的方式，通过确定当下的你是谁，包括你的特质、价值观和兴趣，使生活更轻松。你可以根据自己所有的这些特点，制订个人目标、想出激励自己的方法，从而利用自身优势实现目标。

培养自我领导能力，可以通过以下步骤：

• 确定可实现的个人目标，无论是每天洗碗还是找一份能让你更有满足感的工作。

• 关注你实现这些目标的进展，并庆祝或大或小的胜利。

• 思考你的优势以及如何利用它们来推进你的目标。

• 写下3个你想融入到生活中的新习惯，例如练习设定边界，或尝试一种新的项目管理工具来跟进重要的事情。

• 想一想，是什么促使你在遇到困难时放弃，并问问自己在面对挑战时如何安慰自己。

自我领导意味着你在领导自己，而不是指望别人来领导你。你可以培养更容易获得动力和灵感的习惯，以及找到真正适合你的保持相对有序的方法，逐步成为自己的冠军。有些时候，发挥创造力、采用非常规的方式非常适合应对挑战，尤其是当你的心理健康处于脆弱的状态时。

我喜欢自我领导，因为它会帮助我们用之前论证过的成长型思维来做事情；它允许我们自由地定义什么是最重要的，以及如何满足我们的个人需求。在我的青少年时期，我曾被困在了固定型思维模式中。如果我在尝试新事物之前，不确定自己是否擅长，就会选择放弃。因为我觉得自己一旦失败，就会失去控制力，可能会显得无能。现在我每天都在努力训练自己的成长型思维，我发现自己可以在不抱期望的情况下尝试新事物，并通过反复尝试和犯错找到学习的勇气和力量。**当你将失败看作进步的指南时，你就可以从中找到自信，领导自己。**将自己视为生活中可信赖的人，他会在那里为你打气。

减少不必要的担心

不受控制的忧虑就像雪花，如果我们不及时化解，就会堆积成厚重的雪堆。每个人都有担心的时候，但如果将担心搁置在一旁不去处理，它会很快表现为身体压力和焦虑。

焦虑会使一个很小的问题感觉像巨大的、迫在眉睫的灾难。我的焦虑用它讽刺的方式，让我觉得自己快要死了，而这种感觉往往又会加深焦虑，使我陷入可怕的循环。

我在十几岁时经常因为健康问题而焦虑。我越担心，情况就越糟。直到有那么一刻我厌倦了畏惧，我告诉自己："我大不了就死了，这就不再是我的问题了，就再没什么好怕的了。"

这听起来可能很残酷，但是很有效。死亡是我最大的恐惧，但我的思想恐吓自己的方式却更糟糕。我最终彻底接受了这一切，如果最坏的情况发生，即我真的死了，那我也没什么办法。我只是死了，就像每个人都会死去一样，而世界将继续运转。我对死亡的担心除了让我更加痛苦，都只是在浪费时间。

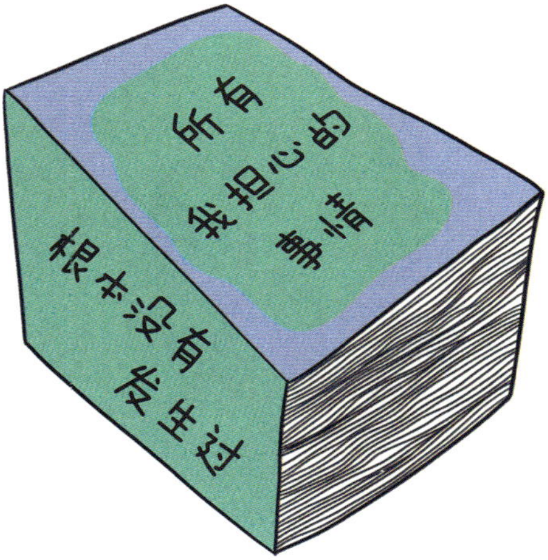

我是否有必要担心那些我至死都无法控制的事情？

当然不！为什么我要如此害怕死亡？它原本像出生一样自然，我甚至不知道死亡是什么样子。如果我无法控制结果，为什么还要担心？我为什么要畏惧而不是好奇？

担心所有这些讨厌的“如果”，对自己是一种极大的伤害。当你反复思考无法控制的事情时，痛苦就会延长。拥抱最坏的结果，练习彻底接受，可以有效制止这些不必要的担心。

学习忍受痛苦是另一剂消除担心的良药。忍受痛苦可以让我们在高压力下生活，而不会让情况变得更糟、更难。我们并不总是能够控制局势，但我们可以学习如何在困难时刻更好地控制自己的反应。**我们无法避免生活中的所有压力，但是可以改善我们的应对方式。**我可以使用收集的应对工具，提高我的痛苦容忍度，来更好地应对不可避免的压力，度过所有担心的时刻。

当我感到痛苦时，我喜欢后退几步，向大脑发出我正在远离这种处境的信号。然后我会从当下的处境出发，观察自己身体的感觉：压力在哪里，我的脑子在想什么？随后我把注意力转移到周围的环境上：有实际的危险吗？附近有安全的人吗？有舒适的物体吗？外面是阴天吗？一旦我观察到了，就会试着想出一种方法来进行正念。我应该透透气吗？我是否需要暂时离开这里？原地跑怎么样？往往这时，我最喜欢做的事情是退到淋浴间。我会站在喷头下，把水温从热调到冷，慢慢体会水淋在皮肤上的感觉，逐渐获得对身体的掌控感。我喜欢想象水会把我的压力冲走，冲进下水道，离我远远的。接下来我会用温暖的毛巾包裹住自己，并深呼吸，然后对自己说：“我挺过来了，最糟糕的情况已经过去了。即使在感到极度紧张时，我也一直都是安全的。”

我也试着分配忧虑给未来的自己。如果我面临巨大的担忧，并且开始感受到压力和恐惧在蔓延，我就会做几次深呼吸，并告诉自己：未来的玛蒂尔达可以稍后再处理这件事；现在的玛蒂尔达太脆弱，压力太大，无法处理这个问题，而且既然她觉得无助，那么她现在根本没有能力去担心这个问题。我相信未来的自己会处理好一切。而且通常情况下，一切都会变得很好。

挑战声明

我以前都能挺过来

我要让这种感觉慢慢消失

有些日子比现在更难

我感觉不舒服，
所以我要对自己特别好

今天很艰难，
所以我要想办法让明天轻松一些

我还从没有面对过
让我无法逾越的艰难时刻

我无法改变或控制所有事

我最糟糕的时刻并不能定义我

痛苦是生活中不可避免的一部分

我不喜欢这样，但我能适应

必要时，请放手

只有当生活按照计划进行时，我才会有安全感；如果事物改变或消失，我将会深感不安。

我认为我们很容易把过去浪漫化，因为我们现在感受到的痛苦比在过去感受到的更加真实和紧迫。即使我们理智上清楚地知道：从逻辑上讲，把事情抛在脑后继续前进是件好事，但我们的情感大脑却会有不同的感受。例如，如果我们的朋友不在了，我们对他们的爱不会因此消失。当事情不由我们决定、不受我们控制时，放手尤其痛苦。

继续前进是学习活在当下的关键。过去无法改变，徘徊不前会阻止我们在当下创造积极的改变。我想出一个办法，当我们挣扎着放手或者忘记某些事物时，可以这样做。每当需要放手时，我试着为生活增加一些新元素，以弥补我所失去的。

我能否以另一种方式来弥补我的缺失感？我是否在等待一个不会到来的道歉？我是否需要宽恕自己在不知情时做错的事情？我需要哭出来还是写出来？有时我对这些问题毫无头绪，但我有一些其他的策略，可以应对这些时刻。

关于放手的小贴士

提醒自己，凡事不一定都是永恒的，也不一定对你的生活都有意义。

给自己时间来哀悼失去，并在此过程中对自己温柔一些。

把注意力重新集中在自己身上。坐下来想想如何改善你的日常生活和你独处的时间。

计划未来几周内值得期待的事情。

通过交谈或写日记表达你的感受。

试着实事求是地反思，结束关系后很容易将其理想化。

在你和你要放弃的事物之间建立物理距离，使转变更容易。

带你自己去喝一杯，来为自己庆祝。

想象自己进入人生的新篇章，并思考新开始的各种可能。

寻找一线希望

有很长一段时间，我都在抗拒感恩之情。尽管我有很多值得感恩的事情，一个充满爱的家庭、稳定的收入，但我没有精神上的“带宽”来享受这些。心理疾病往往会玷污我们生活中最美好的部分，它将消极情绪置于首位和中心。当你难以记起上一次真正的快乐或满足时，周围快乐的人显得那么令人反感。但感恩很重要，尤其是当我们感到生活艰难时，提醒自己，**所有好的一面，可以让坏的一面看起来不那么沉重或繁杂。**感恩并不意味着忽视那些感觉不对或困难的事情，而是给你空间去欣赏美好的事物，即便是小事。它在平凡的生活中播撒下快乐的小种子。

你对你的生活有足够的感恩之情吗？你可以通过问自己这些问题来衡量，例如：

- 当我看着这个世界时，我能想到我感恩的事情吗？
- 我是否经常有感恩的时刻？
- 如果我列出要感恩的事情，它会是一个很长的清单吗？
- 我会对生活中的小事有所感恩吗？
- 随着年龄的增长，我对生活的感恩会逐渐增加吗？

如果你对很多问题的回答都是“否”，这意味着你需要在生活中培养更多的感恩之情。如果想练习感恩，你的生活不一定要完美，甚至不需要很容易。事实上，感恩的行为不仅可以让生活更充实、更有意义，还可以改善我们的整体情绪和人生观。

心理疾病背后的一线希望

我经常与人交流，
他们关心我内心的挣扎，
理解我所经历的事。

我对别人的
心理困扰非常同情，
并会给予支持。

分享我的故事可以
帮助其他人感到被认可，
不那么孤单，
也让我的痛苦更有意义。

我查找并学习了很多
关于如何治愈的信息，
我可以使用它们
并与他人分享。

在经历了令人难以置信的
低谷之后，我对快乐时刻
深表感激，并将抓住
每一个机会庆祝。

因为我的经历，
我变得更加强大了，
并且感觉自己更有能力
应对艰难时期。

朋友们很愿意向我敞开心扉，
因为我也同样坦诚。

感恩可以从正念开始。简单地感受你的当下：环顾四周。在你的身体里感受自己——它带你去了某个地方，让你感到温暖、安全并充满活力。放眼窗外：看看绿草、蓝天和白云。听听其他人生活的声音。想象一下，太阳距离我们是多么的遥远，却为我们的生命提供能量，我们能够生活在这个地球上是多么幸运。然后，花点时间细细体会感恩的心。想象一下你的大脑吸收着美好的感觉并滋养着你。

感恩的好处

向他人表示感谢，可以让他们感到被欣赏，并有助于加强你的人际关系。

感恩可以减少无聊的攀比，强大我们的自尊心。

感恩有助于促进整体身心健康。

练习感恩有助于培养更乐观的心态，并帮助你养成健康的感恩习惯。

你可以帮自己养成一个感恩的习惯：在你的手机上设置一个闹钟，当它响起时，想3件值得你感恩的事情。试着表达你的感激之情。直接告诉某人你对他的感谢；大声赞美你吃到的美食；写一封感谢信给自己，感谢自己渡过了那么多难关。但你不必强求每件事都有好的一面，因为有时候，事情就是很痛苦。我们没有理由强迫感恩，想想帮我们渡过难关的关键——我们自己的韧性，我们也不要忘了对自己表示感恩。

我感激的事情

我爱别人的能力

找到一首好歌的喜悦

当我的植物长出新的叶子或花朵时

洗完澡睡在刚洗过的床单上

新鲜出炉的面包

畅快地捧腹大笑

当我尝试一种新的食谱并做得恰到好处时

一个温暖的可以户外骑行的好天气

当我附近的杂货店引进了一种新口味的素食冰激凌时

承载着美好回忆的抓拍照片

在旧货店淘到便宜、有用的好东西

我写给你的信：

无须通关也能享受快乐

治愈是一个终生的旅程，因为我们的需求和面临的挑战会跟随我们的成长而不断改变。随着我们深入地了解自己，我们可以发现更多、更有效的方法，能够为我们特殊的旅途指引方向。**努力生长并不意味着让事情变得完美，而是要学会，在生活的起起落落中找到快乐。**在当前的处境中遇见的自己并没有错，即使你对目前的状况并不满意。

寻找让你快乐的事情，为了心理健康而开始养成更良好的习惯，这些改变永远都不晚。有时，生活中充满了我们无法控制的事情，这让人感到沮丧和恐惧——但请记住，想要重新掌握自己的人生，就要选择把自己放在首位。治愈最艰难的时刻，往往在我们最需要它的时候，所以不要放弃希望，并提醒自己你值得为自己坚持。

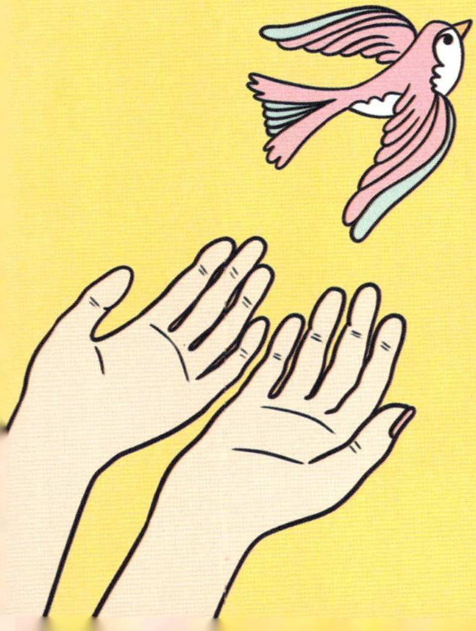

写这本书的时候，我不得不回忆自己走过的许多历程，我从一个惊恐的小孩到一个有自杀倾向的少年，再到一个绝望的青少年，直到长成一个坚定不移的、怀抱希望的、相信自己的韧性并足够尊重自身需求的24岁的女性。从不知道怎样活到第二天，到期待明天的承诺，这曾是不可想象的，但现在它实现了。变化是逐步发生的，并非一蹴而就，我直到回想往事的时候才注意到这种跨越。多亏了每天一小步的积累，不断使用这些书中提到过的各种小技巧，去对抗我内心的困扰，我不再感到被生活所困，反而更加感恩。我仍然很感激过去的生活。

虽然已经来到了这本书的结尾，但我们一起变好的旅程还没有结束。我希望你从这次经历中得到一些新的理解和新的尝试，选择对自己有帮助的方式疗伤。我希望你能感到自己得到了认同。在这个世界上，心理疾病和任何心理挣扎的耻辱感使我们束手束脚，所以，优先考虑你的心理健康状况是一种勇敢的行为。我希望你受到鼓舞，对自己更友善，在你所处的地方善待你自己，并且能够了解自己和更多关于心理健康的知识，因为知识能赋予你力量。当我们自己留下空间去了解、原谅并善待自己时，我们就可以开启让自己感觉更好的旅程。

今天是迈出第一步的完美日子：在你的日程表中，安排一次有意义的自我照顾行为，练习新的应对策略，在你以前从未注意到的事情中找到感恩的理由。预约治疗师，或联系让你感觉安全的人，如果你在阅读过程中意识到爱着某人，请与他们联系。请你带着耐心、宽恕和希望，按照自己的日程继续前进，因为，你一直都值得。

当你继续自己的旅程时，仔细考虑你想要的改变、期待满足的需求，并大胆尝试任何你认为可能有帮助的事情吧。构建你的心理健康工具箱，自己定义快乐、和平、活力或希望的样子，尝试应对、安抚、呼吸和调整思维的方法。我们的大脑具有很强的可塑性，希望你在这一事实中找到更多激励。最后，**别忘了给自己一个大大的鼓励，一个温暖的拥抱和衷心的赞美，因为，你已经成功地走了这么远。**

致谢

无限感谢和感恩我的家人和亲戚，尤其是妈妈和爸爸，感谢你们的温柔、鼓励的教养，教会我没有什么梦想是太大或不切实际而无法追逐的。我从来不需要怀疑我是否让你们感到骄傲，因为我每天都能感受到你们的爱，就像阳光照在我身上的温暖。

托娃，我钦佩你的勇敢、冒险精神和创造性的灵魂。作为姐妹，和你一起长大是我童年最美好的记忆。

奶奶，你是我的榜样。我希望有一天能像你一样坚强、勇敢和睿智。

西格，我可爱的狗狗，你可能不会读这篇文章，但你是我生活中最忠诚的伙伴。

谢谢你，约翰，你牵着我的手，陪我一起经历了生活的恐惧和奇迹，你给了我家的感觉。没有人能代替你在我心里的位置，爱你不息。

感谢我的朋友们为我带来的所有欢乐！我们一起度过了跌跌撞撞的懵懂岁月和青春年华，我爱你们。特别是诺拉和林内亚，因为我们真的无数次一起哭泣，一起绝望，又彼此鼓励、互相温暖。

我的导师纳迪亚、苏珊和库尔特，在我甚至不相信自己的时候选择相信我。你们的存在就像救生圈一样，拯救了那些挣扎在水面上的学生。

也要感谢编辑团队和所有为这本书付出辛苦的人，是你们的优秀和辛劳，帮我完成了本来无法实现的梦想。非常感谢可爱的利亚、菲斯、苏菲和安雅——我的梦之队！

最后，感谢那么多和我一起建立线上交流小组的伙伴们，我们可以在那里放松自己、展现脆弱，这一直都是我最喜欢的事情。